吳恩文遇見傅培梅

經典重現

Andy Wu's Neo-classical Cookbook

A Salute to Madame Fu ,Pei-mei

培梅食譜
中華食譜
培梅食譜
培梅食譜
培梅食譜
PEI MEI'S

CHICAGO

鎮江

推薦序

媽媽的味道添上新風華

常常有人問我，有這麼有名的媽媽，對我會不會是一種壓力？我對他們說，媽媽一生的成就是無人能出其右的，我對她只有愛慕與欽佩；身為她的女兒，我知道她為了中國烹飪付出多少心力。為了研究新食譜教給電視觀眾，不停的動腦想新菜，是多麼辛苦的一件事！為了出版食譜，從撰寫、拍攝到校稿，所花費的心血無數！

在她的那個年代，資訊不發達，不像現在，食譜書隨處可買，網上各類的食譜成千上萬，她是靠著從不同廚師學來的菜，再加上自己反覆的練習、研究、歸納，將中國菜有系統的分出七大菜系（不包括八大菜系中的魯菜），並且把台菜也整理成一大菜系。在民國四十幾、五十年的時候，大家對中國菜的分類都沒什麼概念，而她把中國菜整理出來，讓觀眾藉由觀看節目，以及看她的食譜，了解各省中國菜的特色及各有哪些有名的菜。

她的第一本《培梅食譜》，是按照東部、南部、西部和北部菜來分類；到了第三本《培梅食譜》、以及我認為她的最佳代表作品——《培梅名菜精選集》，在這兩套食譜中，她將中國菜區分出七大菜系，並仔細陳述它們的特色及有名的菜色。

媽媽一生出版過的食譜其實並不多，她的《培梅食譜》一套三本、《培梅名菜精選集》一套三本、《培梅家常菜》一套三本、以及《傅培梅時間》五本（現在已經再整理出版成《傅培梅時間的美味中國菜》），算是她的代表作，每一本都是中英文對照；書裡每一道菜都詳細的解說，甚至要買哪一個部位來做這道菜，都寫得很清楚。從前常常有人說，照著她的食譜一步一步做，就算不是一百分，也能有個八十分了。她常說，要對得起買她食譜的讀者，書出版了就要負責任。她的敬業精神和對中國菜的熱情，我是由衷的敬佩！

正因為媽媽對自己羽毛的愛惜及對食譜出版的敬業精神，當恩文對我說，要將媽媽的食譜再做闡述和重新拍攝時，我有些擔心。當然，飲食文化的演變也和任何產業一樣，有著流行的趨勢，早年媽媽做菜都是整隻雞、整條魚的，現在多半是小家庭，甚至連個頭大一點的鍋子、盤子都沒有，我自己在教做菜，也明白這種趨勢和改變，因此對恩文的提議，還是抱著樂觀其成的態度。

果然，文筆好也擅長做菜的恩文沒讓我失望，看了整本書的呈現，既保留了原來的風味，也呈現了新的風華！整本書還從媽媽七十歲時出版的自傳《五味八珍的歲月》摘錄了文字，看來更令我感動！

一本好的書，真心向您推薦！

程安琪

本文作者為著名烹飪老師，也是傅培梅的女兒暨廚藝傳人安琪老師和傅老師的合照。

作者序

時間釀美味，淬煉成典範

我出生那一天，傅老師已經在電視上教了五年的菜。

國二那年暑假，我十三歲，因為喜歡做菜，用零用錢買了人生的第一本食譜——電視食譜，已經是第十二版了，一本定價台幣九十元。這本食譜是傅老師為了上電視教做菜所準備的教材，全書沒有圖片，只有食譜，至今留在我的手邊，也是我最珍藏的一本食譜。

從小，因為家裡好客，父母也燒得一手好菜，家中時常有客人，我又是家中唯一的一個男孩，順理成章，成了上市場幫忙提菜的小幫手；假日陪父母上菜市場買菜，幾乎成了我童年重要的記憶。

說到做菜的啟蒙，當然要算是我的父母，一個教我廣東客家菜，一個教我四川菜，他們看我也有興趣，索性也一步一步的把我往廚房帶。最早當然是買菜、認識食材，接著回到家裡，我要學著清洗整理食材。真的開始認真拿起菜刀，要算是五、六年級的事了。

我記得當時，父母只交給我切蔥薑蒜的工作，切段切絲切末的，一一備足；接著，才有青菜、雞、鴨、魚、肉等主食材備料的工作。也因為這樣按部就班的訓練，讓我練就了還不算差的刀工。

做菜這條路一路走來，因著興趣我從沒有間斷，也買食譜，也在報章雜誌上收集食譜，製作剪報，遇到美食節目也興味盎然的準時收看；漸漸地，脫離了父母的羽翼，往其他領域吸取養分。這幾十年下來，我主修新聞，做了新聞主播，企研所畢業，開了企管顧問公司。我從沒有想過會以美食烹飪為業，我的家人也沒有想過有一天我會在這裡開花結果，但一切因緣卻又順理成章的把我帶到這個看似無心插柳，其實我早已為它默默準備了數十年的美好應許之地。

接下來，我做美食的故事，大家都知道了。

這幾年下來，興趣和能力使然，讓我如魚得水，也因為中廣流行網「吳恩文的快樂廚房」這個小小的節目平台，讓我吸取了台灣美食界各方的養分，更加茁壯。然後，一點點小小的使命感也開始油然而生。

總想，因為自己有了不錯的背景和廣播平台，是不是能再為台灣的美食界盡一點心力？當然，有關美食訊息的整理、歸納及傳播，是我駕輕就熟的工作，而撰寫並出版食譜，則是督促著自己不要鬆懈，隨時在這個領域裡不停實踐我所信奉的生活美食信念；但除此之外，還有什麼呢？

於是，我試著回到我的原點，尋找脈絡。

我想起了我的第一本食譜，想起了我從小在電視周刊上剪報收集傅老師的食譜，也想起了民國七十九年我考進台視時，雖然和傅老師在同一家電視台工作，卻從未謀面，同樣，我也清晰的記得，當所有記者都在忙著為午間新聞配音、剪輯、後製時，只十三歲時買下生平第一本傅培梅食譜，也種下他與美食的因緣。

有我，一得空，一定守在電視機前，看完五分鐘的「傅培梅時間」，才滿足的衝進剪接室。

我始終認為，傅培梅老師絕對是上個世紀在台灣，影響最多家庭餐桌及美食傳承的典範人物。她因為對家人的愛，進入廚房，因為認真學習，廣納百川，進而無私傳承，不只著作等身，更是身體力行，在國際間奔走，宣揚中華美食。她的一生，好像只為了做一件簡單的事——做菜，卻又做到如此宏偉且枝繁葉茂。

除了她，我再想不起還有第二人選，足稱典範，而我，只能卑微的站在山腳下，仰望山頭皚皚的白雪。

當時，我只有一個小小念頭，希望把過去傅老師做過的經典大菜，讓更多喜愛美食烹飪的朋友回頭細細欣賞，重新認識中華美食的精細幽微與宏偉磅礴。而我畢竟能力有限，只能在傅老師浩如繁星的食譜中，考量自己的能力，擇取渺小的一部分，當做起頭；我只想讓更多人重新認識這位當代的傳奇人物，也以一己棉薄之力及有限的領悟力，把我能領略到的烹調精髓，淺陋闡述。

感謝這兩年多來，一直給我鼓勵的程安琪老師，她也是傅老師的女兒；對我而言，安琪老師亦師亦友，更在這本書付梓之前辛苦為我校對修正，讓我在未能親見傅老師的遺憾中，仍能受到眷顧。

這本書能成，誠惶誠恐，我不希冀掠美傅老師一生成就之萬一，但求拋磚引玉，讓更多朋友從家裡書架上找出曾經收藏、曾經依賴、曾經奉為經典的傅老師食譜，或實踐，或體會，或學習，重新找回那段曾經屬於台灣最甘美溫潤的美食記憶。

前言

向典範致敬 不藏私的原味

台灣現在的電視頻道中，各式各樣的美食節目占據了極大的篇幅比例。由此很難想像，五十多年前，台灣電視台剛開播，只有三家電視台，每日播出十幾個小時而已；光是每天的新聞、政令宣導、連續劇及陽春歌唱綜藝節目，就差不多塞滿了，不會再有多餘時間播其他的生活娛樂節目。而當時傅培梅老師以現場的烹飪教學節目，一開播就是十幾年，現在看來，簡直就是天方夜譚。

在那個台灣經濟起飛、人民生活由困苦逐漸走向富裕的年代，有哪個媽媽或媳婦不是看著傅老師的節目，一道菜一道菜的學？哪個女生出嫁時，沒有幾本傅老師的食譜放在嫁妝裡？又有哪個留學生或是移民國外的人，不是珍藏著傅老師的食譜，勇敢的遠渡重洋，在海外落地生根？

不論是台灣的電視史，或是美食餐飲史上，都少不了這一位典範人物——傅培梅。

傅老師第一次登上電視直播節目，是民國五十一年；接著，她每週在電視上示範烹飪做菜，就成了媽媽們固定收看的節目。後來開播的「傅培梅時間」，一播一千四百多集，創下了台灣電視節目的紀錄。

從美食餐飲的角度，傅老師不僅自己兼容並蓄的廣納各家之學，更把許多餐廳大廚一一請到電視節目中示範廚藝，為中菜傳承打下了極好的基礎。中菜技藝在台灣能夠開枝散葉，繁榮昌盛，傅老師可說功不可沒。

同時，傅老師也可以說是把台灣美食變成外交軟實力的第一人。當年她多次應邀出訪各國，擔任中菜推廣的民間大使，在那個國家外交處境極度艱難的時代，她真的用美食征服世界，爭取到無數國際友人的支持。若是沒有滿腔對中華美食的責任感、以及對國家的榮譽感，怎麼可能支持著一個家庭主婦，從自己家的廚房，走進烹飪教室，走進電視，再走向國際。

我常說，傅老師幾乎可以說是上個世紀影響台灣家庭的重要典範人物。她走入廚房的原因，和那個年代每一個傳統媽媽的原因都一樣，都是因為對先生的愛，對孩子的愛，才支持著她從什麼菜都不會做，一步一步克服，一點一點學，最後成了一代烹飪名師，桃李滿天下。

更值得一提的是，傅老師教學幾十年下來，學生不知凡幾，但是她從不藏私，也因為她的無私，才能一反過去千百年來中菜老師傅私藏技藝的惡習，讓中華美食博大精深的幽微奧妙之處，完整的傳承下來。這一點，過去少有人提及，但是當我把傅老師的食譜一步一步重現的時候，我才強烈的感受到，為什麼這刀要如此下？為什麼配菜要如此搭配？為什麼火候要如此堅持？原來，所有對細節的堅持，才能展現中華美食的精細之處。我每做完一道菜，再細細品嘗之後，才恍然大悟，原來傅老師一步也不藏，原汁原味，完整保留她從大廚師那裡學到的每個細節。

也許很多人也曾經和我一樣覺得，傅老師食譜裡的那些大菜，又難又複雜，每每翻開食譜就打了退堂鼓。所以，當我鼓起勇氣，想要重編食譜、重新演繹菜式時，我也憂心忡忡過，深怕砸了傅老師的招牌。

但是，不忍青史盡成灰，我最終還是抱著向典範致敬的心情，希望讓更多人知道傅老師生平的成就，也讓更多人知道，這些老祖宗傳承下來的中華美食技藝，不該在我們這一代消失在浪頭上。

同時，為了讓更多年輕一代讀者更了解這位烹飪大師的風範，在這本書裡，特別從傅老師的自傳《五味八珍的歲月》，摘錄出她的個人生平重要事蹟，穿插文中與新經典食譜作為對照，希望藉此讓讀者更了解這位現代易牙對料理的認真與執著。

當我們翻開坊間一大堆強調簡單、快速、且創新的食譜，而不斷搖頭嘆息時，是否能給經典食譜一個位置，一個重見天日的機會?!希望我能透過此書的出版拋磚引玉，讓更多年輕又喜愛做菜的朋友，拿起傅老師的食譜，一道一道慢慢的做，細細的做，相信你會和我一樣，看見更多中華美食精彩的細微處。

目次

PART

01

傳統中見新意的
雞肉美饌

1 棒棒雞×雞絲拉皮
2 東安雞
3 黃燜栗子雞
4 檸檬雞片
5 琥珀雞凍
6 山東燒雞
7 雙冬扒雞翅
8 豉汁蒸雞球
9 醬爆雞丁

傅培梅婚前是職業婦女，從來沒有正式燒過一頓飯菜，她之所以從「廚房菜鳥」變身「烹飪大師」，主要是為了爭一口氣。

「廚房菜鳥」變「烹飪大師」！

我當年暗下決心，要學好做菜，是為了在先生面前爭回一口氣！

當年我丈夫程紹慶，是在高雄的益祥輪船公司任職，那公司，一個月只有兩艘船定期的來裝貨。除船靠岸的幾天忙碌之外，公司上下整天就無所事事，他們便提早下班，四點多就結隊來我家打麻將，因我倆新婚不久，沒有孩子吵鬧。

婚前是職業婦女的我，幾乎未正式燒飯煮菜過，勉強做個炒飯，炒麵，什錦料淋上飯去的所謂燴飯，都煮得不好吃。紹慶覺得沒有面子，打完牌後常拉長了臉對我說：「妳能不能換換花樣，做點好吃的？」

「妳做的是些什麼東西嘛！」他更生氣時會說：「誰都比妳強！」

一九五一年傅培梅和程紹慶結婚，為了爭一口氣，她從「廚房菜鳥」變身「烹飪大師」。

我實在是不會做，不是不做啊！

來打麻將的人，習慣上都會拿出若干「頭錢」，算是用餐及買香煙的使費，因此紹慶還說：「妳不要苛扣我們的頭錢，盡做些不值錢的炒飯、炒麵什麼的，多不好意思。」

其實我才不稀罕頭錢，最好別再拿出來，我請你們白吃好了。（我在心裡想）

我開始設法學做菜，但怎麼學呢？

在菜市場有賣米粉的攤子，在炒菜時我就站著看，山東老鄉開在巴士車站對面的小店在做蔥油餅、花捲之類的，我也去看。還跑去市區大水溝上，有許多飯攤靠近中午時就擺出來了，也去找過能學到的食物，雖然有機會上大館子，如厚德福、致美齋等，卻不敢開口問。

第二年孩子出世，先生們打麻將就換去另一同事家，我的學菜念頭才慢慢打住。

未料翌年紹慶調職台北，我領著老大、懷著老二也搬來台北住。頭三年與同事李家共住一大棟座落廈門街八十一巷的日本住宅中，沒有房間可打牌，紹慶與李君，下班後就去別處打。待老三快四歲了，我們兩家將公司這棟大宅賣掉，各分一半的錢，去另尋住所，我就找在和平東路三段的「坡心」，三房兩廳之外，有個四十坪大的院子，可以供孩子玩耍。

此時紹慶又開始帶同事返家打麻將了，孩子也已上幼稚園和小學。我又重新興起學做菜的念頭，但無熟悉的餐廳可求教，苦思之後，想到，可寫信給餐廳打聽願否來教，這時憶起的一句老話是「有錢能使鬼推磨」，只要肯花錢，沒有辦不到的事。

重賞之下必有勇夫，我就在求師的信上寫著「高酬徵求名師教菜」。再翻電話查號簿，找到登著廣告的大餐廳：狀元樓、老正興、渝園、玉樓東、大同川菜等，信寄出後隔兩天，接到信的餐廳，都派廚師來找「程太太」了。

摘自傅培梅傳《五味八珍的歲月》第六章易牙學

01

棒棒雞 × 雞絲拉皮

棒棒雞是四川漢陽鎮（青神縣）所起源的，該鎮緊靠岷江岸邊，來往船舶頻繁，船伕喜食麻辣香濃的這道菜。食材來自漢陽產的雞，此雞在花生沙地上放養，故肉質細嫩，肥美異常。在斬切雞時必須用木棒打刀背，才能切成粗條，故而得名。

——培梅名菜精選　川浙菜專輯四川菜

棒棒雞和我們比較常吃到的雞絲拉皮差不多，雞絲拉皮是以雞胸肉燙熟後，撕成雞絲涼拌；棒棒雞則是先將整隻雞燙煮，去骨後將雞肉斬切，作為涼拌材料。前者當然比較容易處理，而後者所吃到的雞肉更有分量，質量俱佳，但光是「去骨」這個動作就令人頭疼了。

在傅培梅老師的棒棒雞食譜中，是使用半隻雞，燙熟再去骨，困難度不小。若是改成一根雞腿，相對容易些，很適合刀法不純熟的人用來入門，不妨試試使用小一點且鋒利的水果刀，學著去骨。

至於綜合調味料，則是使用按照傅老師配方製作的「甜醬油」。我發現，這個甜醬油拿來做涼拌真是萬用！因為本身鹹甜俱足，還有香料的味道，又潤又厚，立刻為單調的涼拌菜增色不少；而好的花椒粉、辣椒油和鎮江醋，也都是不可缺少的調味料，這點不能忽視。

新經典食譜 棒棒雞×雞絲拉皮

材料

雞腿1根，新鮮粉皮1張，小黃瓜2根，薑1小塊，大蒜2顆

調味料

鹽2小匙，花椒粉1小匙，芝麻醬1大匙，甜醬油*2大匙
鎮江醋1/2大匙，麻油1大匙，辣椒油1大匙，糖1小匙
*做法請參考蒜泥白肉第146頁。

做法

1 雞腿洗淨，放入熱水以中火煮約15分鐘，再浸泡熱水15分鐘，撈起放涼，備用。

2 小黃瓜洗淨，直切成四個長條，再斜切成斜片，鋪於盤底；粉皮以冷開水沖洗後，切粗條，以少許鹽及麻油略拌後，排在小黃瓜上備用。

3 將所有調味料調勻，成為綜合調味醬備用。

4 以小刀從雞腿內部，沿著骨頭劃開，小心取下雞骨，保持雞皮表面的完整，再橫切成細條鋪在盤中，淋上綜合調味醬即可。

恩文的提醒

也許你會問，為什麼不直接用去骨雞腿肉呢？若使用去骨雞腿肉，一入鍋中汆燙，整個肉的纖維少了骨頭支撐，會立刻縮起來，切割時就會比較硬，也很難切出漂亮的長條狀。所以，千萬不要自作聰明，改用去骨雞腿肉。

去骨時，可以用小刀慢慢沿著骨頭兩側下刀，並不難。去完骨切雞肉時，若刀法好，刀又利，可以用快速斬切的方法處理，否則也可以嘗試按住雞肉，以來回拉切的手法處理。至於雞骨上的碎肉，可以撕下鋪在完整雞肉的下方，或者，整個雞骨拿去熬湯煮粥也不錯！

02

東安雞

這道傳統名菜始於唐朝開元年間，據說湖南東安縣有三名老婦人合夥開了家小飯店，以東安雞為招牌，縣太爺嘗過之後特予命名。特色是採用肥嫩小母雞及多種辛香料，味道酸辣鮮香兼俱。

——培梅名菜精選　粵湘菜專輯湖南菜

如果說四川人的回鍋肉，是將食材再利用的家常菜經典，那麼，對湖南人來說，讓他們最驕傲的，應該就是這盤「回鍋雞肉」——東安雞了。

取名東安雞，自然是起源於東安這個小縣城，因為一家小館的菜色受到縣太爺（就是現在的縣長）青睞，因而聞名。湘菜重香辣，因此這道菜辛香料十足，加上最後起鍋前放入的一大匙醋，可說是酸香濃郁。至於雞肉回鍋再燒也不會乾澀，比起白斬蘸醬吃，更容易討喜。

做這道東安雞的那天，剛好幾位好友來廚房，他們也很好奇，原來熟雞肉有這種燒法，微微的醬香打底，醋和蔥、薑味主行，讓他們印象深刻，而且燒出來的雞肉一點也不老，帶汁入味，頗受好評。

做這道菜時，我是按照傳老師的食譜，將半隻雞煮熟後去大骨，再將雞肉斬塊。如果覺得麻煩，直接將雞肉剁大塊再入鍋燒也是可以。但最好是雞肉下鍋後也要排列整齊，盡量用鍋鏟去推食材，不要翻動；或是兩手扶起鍋柄，前後晃動，微微「盪」一下鍋，讓底部不易燒焦，才能維持菜型完整，類似「扒」燒法。

而煮雞的心法則是半煮半燜；半隻雞，我用滾水煮約十分鐘，再燜約十五分鐘至二十分鐘，取出放涼。千萬不要開火煮三、四十分鐘，煮到熟，那雞肉肯定會又柴又老。傅老師的食譜並沒有特別提及白煮雞肉的細節，我特別補充說明這點。

另外，傅老師的做法是把蔥、薑絲鋪在鍋底，再放雞肉，將蔥、薑絲爆香了，蔥、薑味俱足。但我稍稍修改了做法，部分蔥、薑絲鋪底，部分蔥、薑絲留著，最後和辣椒絲一起放在雞肉上方；如此整道菜，又有蔥、薑味，又有好看的紅綠色彩，一舉兩得。

02

東安雞

新經典食譜

材料

雞半隻，花椒1/2大匙，蔥3根，薑1塊，紅辣椒1個

調味料

米酒2大匙，黑豆桑醬油2大匙，鹽1/2小匙，糖1小匙
鎮江醋1大匙，太白粉少許，麻油少許

做法

1 在一鍋熱水中放1根蔥、少許薑片、米酒，放入半隻雞，燜煮約十分鐘，關火再燜約15至20分鐘，取出放涼，去除胸及大骨（腿骨可以留著），切成大塊，排入盤中備用。

2 將蔥、薑及紅辣椒切絲備用。

3 熱油鍋，放入花椒粒略為爆香，放入部分蔥、薑絲，再將雞肉從盤中推入鍋中排好，加入醬油、米酒、糖、鹽，倒入半碗雞湯，小火燜煮約3至5分鐘，中間可以略為盪鍋，燒入味，不要翻動雞塊，再放蔥、薑及辣椒絲略燒。

4 起鍋前下鎮江醋，再以太白粉水略為勾芡，淋下香油，將整鍋滑入盤中即可。

03

黃燜栗子雞

北方餐館中所製之黃燜或紅燒菜之色澤不若江浙菜式般暗紅、光亮，後者使用醬色與冰糖較多；北方做法除醬油外，尚加鹽助味，因此燒好後顏色為黃褐色，稱為「黃燜」。

——培梅名菜精選　臺閩京菜專輯北京菜

小時候家裡常常做這道料理，但是父親比較重辛香料，會先爆香薑和辣椒，再一起燒栗子和雞塊。此外，我們家也習慣加料，放些乾香菇，燒出來的栗子和香菇有時候比雞肉還受歡迎。

傅老師的食譜就比較簡單，沒有辣椒，也沒有香菇，蔥、薑只用來醃雞，醬油和酒則用來紅燒。比較麻煩的地方是前面把雞塊略醃後，入油鍋中炸上色，一般家庭要備一鍋熱油，並不太容易。不過，你也可以直接把雞塊入鍋，炒至外表斷生後，再加栗子和調味料合燒；只是雞塊炸過後的顏色比較漂亮，肉質也比較緊，口感很扎實。

在這道食譜裡，做法完全按照傅老師的做法，唯一不同的是，我增加了栗子和黃酒的分量；因為我們家都愛吃栗子，也愛濃濃的黃酒香氣，讀者可以參考看看！

03

新經典食譜

黃燜栗子雞

材料

雞半隻，乾栗子100公克，蔥2根，薑2片，香菜少許

調味料

黑豆桑醬油5大匙，黃酒4大匙，糖1大匙，太白粉少許

做法

1 栗子泡溫水約2小時，備用；雞切塊洗淨，以蔥、薑、1大匙醬油醃約15分鐘備用。

2 先將雞塊放入油鍋中，略炸約3分鐘上色，盛起。

3 另在鍋內加少許油，放入雞塊、栗子，加入醬油、黃酒、糖及清水蓋過材料，以中小火煮約30分鐘，留少許湯汁，再以太白粉水勾芡即可，以香菜點綴盛盤。

傅老師的叮嚀

味覺因人而異，對菜餚的接受度也不盡相同，但每道菜總有一定的標準尺度、淡而不能薄、鹹而不能減、甜而不可濃、辣而不能烈、肥而不要膩，都是基本信條。

——摘自傅培梅傳《五味八珍的歲月》第六章易牙學桃李滿天下

傅培梅的父親是她的美食啟蒙者，小時候牽著爸爸的手一起去吃「親子丼」，是父親教給她第一門料理學。

和父親吃的「親子丼」

父親在那個時代來說，可算是新好男人。他思想進步、做事積極，又顧家、愛子女。他也定期帶我們全家大小下館子，其中印象深刻的一次是，去新亞飯店吃俄國大菜（西餐），他教我們怎樣拿刀叉，如何喝湯，至於麵包塗奶油，則是一次先撕開一口大小的去塗好奶油，再放入口。最常去打牙祭的餐廳是「群英樓」、「泰華樓」，大連的地方風味菜，最著名的就數這兩家。

父親對我這個女兒的期許，高過兩個哥哥，與我接觸也最多。除了關心我的功課、起居外，常帶我出門，走在店家前，他會指著招牌、廣告之類的教我識字，電車車廂貼著的，也會教給我。當時在我小小的腦袋中，根本裝不下這些筆畫繁雜的「畫符」，不過還是睜大眼睛向他猛點頭。

有一次父親來幼稚園接我，歸途中去了一家日本料理店，他點了兩客「親子丼」（雞肉與蛋燴的飯）；他向我解釋所謂的親子，就像雞與蛋的關係，並說他與我便是「親子關係」。年幼的我當時無法體會那種親情的溫暖，還強辯道：「你又不是雞，我也不是你下的雞蛋，我是媽媽生的呀！」他笑而不答。

「親子丼」很好吃，他還向我說明，為什麼蛋要最後打下去，攪和一下就好，那是怕蛋煮太老會不好吃了。長大以後，每當看到「親子丼」三個字，便讓我懷念與父親這一段吃第一碗「親子丼」的往事。

摘自傅培梅傳《五味八珍的歲月》第二章親子丼

傅培梅的父親（右一後）是她的美食啟蒙老師，小時候的傅培梅（右一前）甚得父親寵愛。

04 檸檬雞片

廣東菜中常利用水果搭配在菜中使用，是取水果的清香來使菜餚更加可口。雞腿中筋較多，炸過後會收縮變形，因此在製作這道菜時，宜用雞胸肉。如喜食較酸味者，可直接擠檸檬汁在雞片上。

——培梅名菜精選　粵湘菜專輯廣東菜

雖然這是一道廣東料理，但我家卻從來沒做過；一般我們家宴客倒是常做橙汁排骨，二者的做法差不多，都是把主材料炸過，再淋上濃稠的果香醬汁，開胃爽口，整道菜也不會顯得油膩。

但我發現，檸檬雞片的顏色不像橙汁排骨那麼漂亮金黃，因為檸檬汁沒什麼顏色。原食譜中，傅老師為了加強色澤，加了少許食用的黃色素，但我一向不愛添加這些，盡量呈現天然的原色，所以我把這個部分刪去了，整道菜色呈現的，就只有炸雞塊的顏色和透明的芡汁囉！

其實有些廣東菜常常可以發現人工色素，像是糖醋荔枝肉、叉燒、蠔油鳳爪等，常會添加紅色素來增加色澤，不然，你以為那些紅艷艷的顏色是來自何方呢？

我們自己在家裡做菜給家人吃，還是少添加這些人工色素，天然一點比較好。

04

檸檬雞片

新經典食譜

材料

雞胸1個，檸檬2個，雞蛋1顆

調味料

糖3大匙，鹽1小匙，香油少許，地瓜粉約200公克

醃雞料

鹽1小匙，酒1大匙，白胡椒粉少許

做法

1 雞胸切片，以鹽、酒、白胡椒粉略醃備用；蛋打散備用。

2 檸檬汁、糖、鹽、4大匙水，再加太白粉1小匙調勻備用。

3 雞胸肉先蘸上蛋汁，再蘸地瓜粉，下油鍋炸約3分鐘至金黃色，取出排盤。

4 將檸檬調成的綜合汁倒入鍋中，煮成適當稠度，灑少許香油，將汁淋在雞片上即可。

北方菜中「凍」的花樣很多，都是利用動物膠質在煮後溶入湯中，冷卻自然凝固，吃起來韌滑爽口。做凍須加注意的是，要保持小火燒煮，以免湯汁經大火猛滾後變渾濁，結成的凍就不會晶瑩美觀了。

——培梅名菜精選　臺閩京菜專輯北京菜

05

琥珀雞凍

中菜的涼菜裡，「凍」的吃法很多，大都是以豬皮的膠質為主，搭配不同的食材，在夏天吃來格外清爽。

小時候，媽媽喜歡在燒吳郭魚時多留一點湯汁，吃剩的魚放入冰箱，第二天就有連著魚頭、魚骨和碎肉的魚凍可以吃；或是買肉時，向肉販要幾塊豬皮回家熬湯，做成豬皮凍；或是加入煮好手撕的雞絲，做成雞絲凍，都是很好的冷盤料理。

當然，用豬皮做「凍」的料理，軟Q又帶勁，膠質更是沒話說。若是改用洋菜粉，口感則會比較硬脆；而豬皮做的凍，會有一股濃郁肉汁的香氣，色澤帶些微白，不會那麼通透明亮。

如果你要用豬皮做凍，一定要記住把肥油刮除乾淨，小火熬煮時，也要時時撈去浮油，做出的雞凍才不會油膩。

我第一次按照傅老師食譜做出這道菜時，味道很好，但是凍的部分不如書上圖片好看，顏色較濁。我立刻向安琪老師求救，原來在煮雞塊和豬皮時，我一心急，爐火開大了一點，湯汁一滾動就會濁；煮開後必須立刻改以極小的文火開蓋燉煮，雞湯才會清，凍才會漂亮。

從小，家裡做的豬皮凍，都是白濃濁色的；我從來不知道，如果要做成透明的豬皮凍，必須極小火，耐心等候，膠質盡出，才有透明的凍。而我也常常失去耐心，才會一再失敗。

做菜，有些步驟真的圖不得方便，真要用你的青春歲月，一點一滴的時間，去換，去等待，才有一盤好菜上桌。

第二次做的時候，我應家人的要求，將主材料改成去骨雞腿肉；他們說，這樣省去啃雞骨頭的麻煩，也方便小朋友和老人家食用。

05

新經典食譜

琥珀雞凍

材料

去骨雞腿2根，豬皮350公克，香菜少許，薑2片，蔥2根
八角1粒

調味料

醬油4大匙，酒1大匙，糖1/2大匙，鹽2小匙

做法

1 雞腿洗淨，剁成小塊備用。

2 豬皮和雞塊放入熱水中，汆燙3分鐘後，撈起沖水洗淨，用刀將豬皮上的肥油刮除，拔除雜毛，切塊，連同雞塊及所有調味料加入鍋中，加水約800cc，開蓋，小火燉煮約30分鐘。

3 撈起雞塊放入小碗中；將豬皮切更小塊，回鍋中再以小火熬煮約15分鐘，濾出湯汁，淋入小碗中，放涼後貯存於冰箱，約4小時後即可食用。

恩文的提醒

豬皮要燙煮後才容易刮除肥油。第二回將豬皮切小塊再收汁，是希望豬皮裡的膠質釋出更多。

全程煮的時候，需以極小的火開蓋燉煮，食材必須在鍋中靜置不會滾動，煮出來的湯才會清澈，做好的凍才會晶瑩透亮。

06 山東燒雞

所謂燒雞是將雞炸了再滷煮。一般家庭中沒有燒雞的老滷，編者改用蒸的方式，這是山東福山一帶鄉土做法，藉多量的花椒，使雞肉更香。燒雞、燻雞與山東德州的脫骨扒雞均宜冷食，雞肉冷卻收縮後味道更佳，用手撕碎吃更具風味。

——培梅名菜精選　臺閩京菜專輯北京菜

現在在一般北方餐館或是大一點的水餃店，都可以吃到山東燒雞，有時候就連韓國料理店菜單上也有。許多山東人移居韓國，或韓國人搬到山東，讓兩地的飲食文化互相融合，因此，這道料理同時出現在兩種餐館並不稀奇。

燒雞的料理，各地略有不同，像道口燒雞，是將整隻雞先醃再炸，然後放入醬汁中燒，放涼了吃；而山東燒雞則是用蒸的方法，兩者差異不大，都要先將雞醃過才會入味上色。而雞皮經過先炸再煮或蒸，放涼後的口感很有嚼勁，入味又不油膩，是老饕們的最愛。而調了醋和蒜的雞汁，再淋回燒雞，更增添燒雞的豐富滋味。

自從我學會了這道菜，這兩年我家過年的年菜都會出現燒雞。我會一次多炸幾根雞腿，蒸好涼透再放入冰箱保存；要食用時，取出撕下雞肉，加入保存的雞汁，調味隨便一拌都是好味道。這道菜在夏天食用尤其開胃。

新經典食譜

山東燒雞

材料

雞腿2根，小黃瓜2根，蔥2根，薑4片，大蒜4顆

調味料

黑豆桑醬油5大匙，花椒粒3大匙，醋2大匙
香油2大匙

做法

1 將雞腿洗淨以醬油醃1小時，期間不時翻動雞腿，幫助上色。

2 燒一鍋熱油，將雞腿放入以大火油炸約5分鐘，略為焦黃成深色，盛起排入深盤中，放上蔥段、薑片，撒上花椒粒，再淋下醃雞的醬油，入蒸鍋中蒸約30分鐘，放涼備用。

3 將小黃瓜洗淨，以刀背拍裂，再切段，排入盤中；將冷卻的雞腿撕下雞肉，鋪在小黃瓜上。

4 蒸雞中的雞汁瀝出，加入醋、香油、蒜末，拌勻後淋在雞肉上即可。

學而優則教，傅老師砸重金禮聘大廚到家裡教烹飪，
習得一身好功夫的她，
就近利用自家院子開起了烹飪補習班⋯

初為人師

一九六一年四月我在和平東路三段八十九巷的自家院內，搭起竹棚，擺張八仙桌，架起木炭爐，開始教菜工作。

第一期的學員只有八人，包括了國產汽車的張淑娟，外科林秋江的夫人，和波麗露西餐廳的廖小姐、兩位台大教授的太太、以及營造廠的趙太太等。每次上課的材料由我買，費用則大家分攤。

炭爐子的火候很難控制，加上經驗仍屬不足，常常做得不盡理想，我很坦白地先自我檢討，向學員道出那道菜的失敗之處，以期她們回去莫犯同樣的錯誤。

這個自我檢討的個性，一直延續到數十年後的今天，在電視教菜節目中還常出現，我認為，人非聖賢，孰能無過？知之為知之，不知為不知，最好不要為了面子而誤人子弟。尤其烹飪這一門，過程中的變化難以預料。

當年，我的學生都是我靠自己用「招貼」招來的。

在我決心要開班授課後，就利用外子晚上出門打牌時，拿著漿糊包輛三輪車，沿路到各菜市場張貼自己寫的紅字條：「教你做菜，地址：和平東路……」，就這樣自和平東路的三段、二段，一路貼到後火車站的建成市場。回到家晚上心裡還七上八下的，擔心夜裡下雨會把我辛苦貼的紅字條沖刷掉了，一星期內，斷斷續續地有人找來了。

外子知道後非常反對，怪我「找些不三不四的人來家裡」，所以我就利用外子上班、孩子上學，都不在家的下午時間「偷著教」。

在當時，家庭主婦大都不太會做菜，更不知外省菜究竟有多少省分，那時我已系統性地學會了中國六大菜系，是少數能融合各地特色的人，既然大家想學菜，又到處找不到名師，加上我因學菜，已花掉了那麼多錢，急需賺點來彌補一下，就這樣教學相長，我累積了更多的經驗，名稱漸漸已傳揚出去，於是有更多的人要來上課，我便去訂製了幾張課桌椅，拼擺成U字型，在中央架個爐檯，靠牆邊接上自來水清洗廚具，以免裡裡外外老往廚房跑。

最辛苦的是買菜，早上八點不到就提著兩只大菜籃，由坡心站搭十五路公車去南門市場，按預先抄下來的單子（當天下午班及晚上班共八道菜）一樣一樣的買，主料要選新鮮的，要大小尺寸適中的，肉類則去肥撿瘦，還得顧到成菜後形狀美觀，比需要多些分量，以便修整。

蝦類每隻都需雙指捏起，試看頭身有否緊連；青菜更是分別在攤子中選購最漂亮的，因為我所用的都會擺在數十隻眼睛面

傅培梅在家開設烹飪補習班，當年許多外籍夫人都來向她學做中國菜。

台北市私立短期補習班立案證書

班名：台北市私立中國烹飪

班址：台北市和平東路二段九巷八號

設立人姓名：傅培梅

科目：中菜烹飪科

核准立案年月文號：民國五十年五月十六日 北市教社字第…號

局長 盧啟華

中華民國五十年五月 日發

一九六一年傅培梅成立烹飪補習班的立案證書。

前，稍有不對，學生隨時會提疑問。還不能忘記買乾貨、佐料等，待兩大菜籃裝得滿滿後，彎著腰提到公車站，伸兩下腰桿，公車來了；先放一個籃子進去，再提另外一個菜籃上車，女車掌不耐煩早已撳下鈴，示意司機開動，同時拉起車門，幾乎把我夾住，我只能站在門前的一階等到下一站車停時，才能邁步上去，擠到後面。運氣不好時一直站著，兩腿頂著菜籃，怕車晃時籃子倒下。遇到下雨天，因雙手提菜籃，無手可撐傘，只在頭上包一方塑膠布，任雨淋打，幸好下車後，步行路程只有五分鐘便可抵家。

通常下午班兩點上課，但我在一點鐘便得著手準備，搭棚建的庭院教室通風雖佳，雨天由牆角滲雨水，夏天又西曬，與爐火為伍的灑汗教課，辛苦備嘗。逢有颱風警報時，我也得備妥材料等候學生（當時電訊不便聯絡困難），即使來了三、五人，我仍照教（賠本虧錢也在所不計），以免她們徒勞往返。

摘自傅培梅傳《五味八珍的歲月》第六章易牙學

07 雙冬扒雞翅

江浙菜以紅燒見長，特色在於味道濃、色澤美、口味偏甜。每一雞翅均分為翅根、翅膀、翅尖三個部分；翅根近胸部，肉較多而堅硬，稱「小雞腿」，翅尖則多筋皮，最好的是翅膀本身，宜炸，宜滷，宜燒。雙冬指冬菇、冬筍，均有其特殊香味，與雞翅搭配紅燒非常適合。

——培梅名菜精選　川浙菜專輯江浙菜

很早以前就在電視節目中看過大師傅做「扒」的菜色，例如扒雞翅、扒甲魚、扒烏參等，直覺困難度頗高。

因為，所謂「扒」，最重要的技巧是把所有食材排入鍋中，不能改變形狀，只能以晃動鍋子的方式讓醬汁均勻烹燒入味，就連淋芡汁也是從周緣淋下，再晃動鍋子；最後端起鍋子，將整鍋食材完整的「滑」入盤中，將鍋中的形狀原封不動呈現上桌。

大師傅都是單手拿鍋柄，邊晃邊推食材，手勁要特別大，我可做不到，只好以雙手端起炒鍋，小心翼翼的前後左右晃動。至於最後擺盤時，我也不敢整鍋滑入盤中，只好以最笨的方法，將食材一一夾起排入盤中，再淋上湯汁。這個做法就姑且叫它「半扒」好了，算是打了五折的扒法，但上了桌卻不改華麗氣勢，也容易成功。

傅老師的食譜原著中，這道菜是用了十五根中翅，那是因為一般餐廳不用翅尖，但我們在家裡不太可能只取中翅部位，所以我把兩截部分全部用上，只是把翅尖排在下面，算是節省不浪費的做法。

因為是江浙菜，我特別註明用的是紹興酒（或黃酒類），口味才道地。有人可能會問怎麼不用蠔油，因為蠔油雙冬是大家熟悉的菜色，如果用了蠔油，那這道菜就要入籍廣東料理了。所以，只用醬油、糖和黃酒燒製。至於冬筍，若買不到，則不妨改用其他鮮筍。

07

雙冬扒雞翅

新經典食譜

材料

冬菇10朵，鮮筍1個，雞翅（二截翅）6個，蔥1根，薑1塊
香菜少許

調味料

黑豆桑醬油5大匙，紹興酒2大匙，糖1大匙，鹽1小匙
太白粉2小匙，香油少許

做法

1 雞翅切成兩段，加入醬油醃約20分鐘備用。

2 冬菇泡軟去蒂，鮮筍切直條，蔥切段，薑切片備用。

3 起油鍋（約10大匙油），油熱後，將雞翅入油鍋中炸約2至3分鐘，至上色微深後撈起備用。

4 另外熱鍋，1大匙油爆香蔥、薑後，排入雞翅，再將冬菇和鮮筍排在兩側，放入醃雞翅的醬油，加紹興酒和糖，再加清水蓋過所有材料，改中小火，燒約30分鐘，留少許湯汁。

5 將太白粉水自鍋邊滑入，略推食材，晃動鍋子，淋下少許香油，再將所有食材按原形排入盤中，淋下湯汁，撿去蔥、薑不要，撒上香菜即可。

恩文的提醒

雞翅醃了醬油再炸，色澤比較漂亮，肉質也較緊實，成品完整不易破皮。但因醃了醬油，油炸時容易粘著鍋底，要小心翻動並注意油爆；若是無法保持食材形狀完整，也可以勾芡後，將食材一一排入盤中，回復原狀再淋下湯汁。

PART 1 雞肉美饌

08

豉汁蒸雞球

豆豉傳統製法是將黑豆經過三蒸三曬發酵而成，其味鮮香甘醇。豆豉有的較乾硬，使用前要先泡在水中，約三至五分鐘（不宜過久）；而另一種台灣的蔭豉，較為濕潤不必泡，略沖洗便可使用。豆豉在油中煸炒時，火候不可太大，以免有焦苦味。

——培梅名菜精選　粵湘菜專輯廣東菜豉汁排骨

在廣東菜裡，有許多以黑豆豉同蒸的菜色，最常見的是蒸排骨。大師傅的細緻做法是把子排剁小塊，在流水下沖洗多遍，洗去血水，同時也增加肉質的含水度，再調味入蒸；成品滑嫩而沒有腥味，看似小品卻是費盡工夫處理食材。

還有豆豉蒸魚雲，這是以黑豆豉襯托草魚頭鮮嫩的極品之作，若是魚頭不好，恐怕上不了桌。

很多人在家裡做蒸的料理時，可能都和我一樣有個疑問，那就是除了主材料的鮮度和嫩度之外，如何蒸出這類料理的「香度」？往往把黑豆豉和大蒜拌入材料後，蒸出來的香氣總是差那麼一大截。

直到細看傅老師的食譜，才發覺，原來大蒜和黑豆豉要先爆香，加入醬料調勻，以熱氣衝出香氣後，再拌和食材入鍋蒸；紅辣椒後放，蔥末最後撒。同樣是辛香料，大蒜、辣椒和蔥硬是要分成三個步驟加入。有香有色，加上滑嫩的主材料，才有最完美的成品。

在原始的食譜中，傅老師把鹽、醬油和米酒一起拌炒，但我擔心雞肉沒有味道，而醃料又會太重，所以先用鹽和太白粉醃製雞肉，再拌入其他炒過的醬料去蒸，這是一點小小的改變之處，特別在此說明。

08

豉汁蒸雞球

新經典食譜

材料

去骨雞腿1根，黑豆豉1大匙，紅辣椒1個，大蒜3顆，蔥1根

調味料

鹽2小匙，太白粉1大匙，米酒1大匙，醬油1大匙

做法

1 雞腿肉切段，去筋後切成小塊，以鹽及太白粉略醃後備用；大蒜及紅辣椒切丁備用。

2 起油鍋，爆香大蒜及黑豆豉後，放入醬油及米酒關火，將醬汁拌入雞腿肉，鋪在盤上，撒上紅辣椒，入蒸鍋中，大火蒸約12分鐘。

3 取出雞肉後，撒上蔥花即可上桌。

傅老師的叮嚀

調味料的下鍋，會因先後順序的不同而直接影響其風味。

——摘自傅培梅傳《五味八珍的歲月》
第六章易牙學桃李滿天下

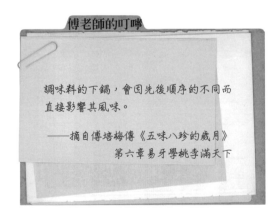

09

醬爆雞丁

「爆」是烹調方法中較難做好的一種，在極短的時間內，以極大的火候、高溫使食物致熟，必須動作敏捷、手法熟練，要抓住食物的生熟度恰到好處，同時刀工也要配合好，厚薄大小一致，才能使全部材料同時爆熟且保持脆嫩。

——培梅名菜精選　臺閩京菜專輯北京菜

用到甜麵醬的料理，大多屬於偏向中國北方的菜系，但是江浙菜裡的醬爆青蟹，卻把「醬爆」的做法，搭配海鮮及寧波白年糕，其精彩也是不遑多讓。

醬爆其實是源自於山東的烹調法，但是山東御廚不少，加上孔府菜一脈相傳，將許多山東菜（魯菜）帶入了宮廷，因此，現在在許多北方館子裡都看得到山東菜的蹤影，久而久之，很多人都以為醬爆是北京菜了。

既然叫做醬爆，就少不了醬，甜麵醬要先炒過才香。而這「爆」呢，講的是猛火快炒，火旺醬香，快炒才會肉嫩。所以，做這道菜時，後半段的動作要快，千萬不能拖太久，否則醬會苦，肉會老，這是要特別注意的一點。

從照片上看，傅老師食譜的甜麵醬和我用的顏色有段差距，我用的甜麵醬偏深，出來的菜色也是汁濃色深。

這道菜精彩之處，我認為不在醬色，而是在雞丁的處理方式。現在的餐廳做醬爆雞丁，大多把雞丁直接切成方丁狀；若是嫌肉質太硬，就加些蘇打粉或是嫩精，不然，多下些太白粉也是方式之一。但是細看傅老師食譜，老師是先將雞胸肉略為劃上十字刀，再切丁；醃製後入溫油中過一下，雞肉更易熟入味，又不會太硬，實在是最精彩的地方。

而且，把薑、蔥細切成末，和甜麵醬一起炒，幾乎吃不到蔥、薑，但又香氣俱足，不仔細品嘗，也不易發現這個醬爆的祕密。

至於配料，我保留了傅老師的小黃瓜，另外再加入增添富貴氣派的核桃仁；上桌猛一看，雞丁和核桃仁都上了醬色而分不清，但入口後就會有不同的層次口感。

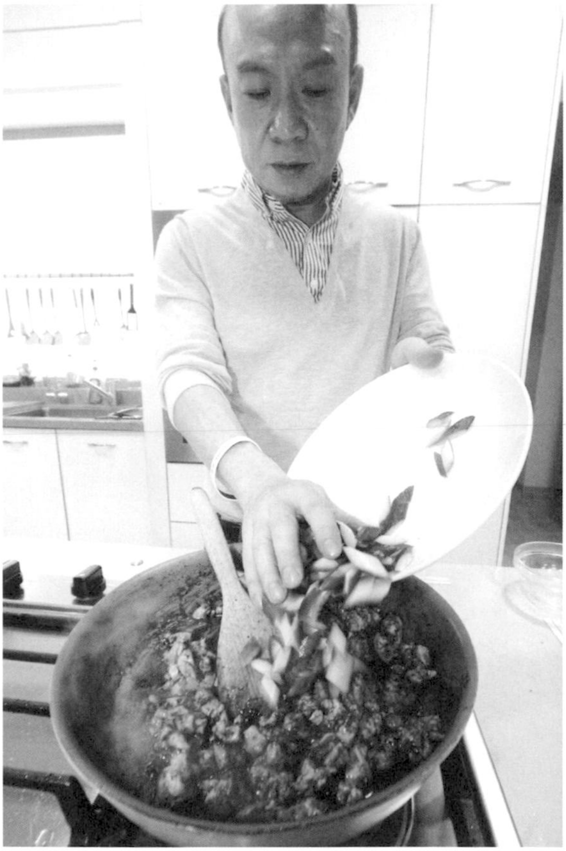

09

新經典食譜

醬爆雞丁

材料

雞胸肉1副，小黃瓜1根，原味核桃仁半碗約50公克
薑少許，蔥1根，蛋白半顆

調味料

鹽1小匙，米酒1/2大匙，甜麵醬1大匙，黑豆桑醬油1大匙
米酒1大匙，糖1/2大匙，太白粉少許

做法

1 雞胸肉略劃幾刀十字，切成丁，以鹽、米酒、蛋白及少許太白粉醃10分鐘，備用。

2 小黃瓜直切成四條，去除中心較軟的瓜瓤，切成斜丁狀備用；薑及蔥切細末備用；核桃入熱水中燙約30秒撈起，備用。

3 起油鍋，一大碗油，熱鍋溫油，將雞肉放入中溫油，泡炸約2分鐘撈起備用。

4 另以乾淨的鍋放入少許油，爆香薑、蔥末，改小火，放入甜麵醬拌炒一下，再放醬油、糖及少許水炒匀，然後放入雞丁、小黃瓜及核桃仁，快速拌一下，放入少許太白粉收汁即可。

傅老師的叮嚀

最重要的還是要掌握住過油的油溫，時間長短和鏟動的速度快慢，也都能影響成品的好壞。

——摘自傅培梅傳《五味八珍的歲月》
第六章易牙學桃李滿天下

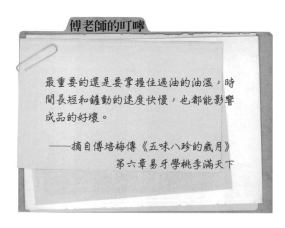

PART

02

河鮮海味
經典真傳

松鼠黃魚是傅培梅第一次上電視教做的菜，偏偏當天她忘了帶刀，借來的刀鈍得魚頭都切不下，急得她滿頭大汗……

第一次上電視就忘了帶刀

一九六二年台灣經日本的技術協助，開創電視事業，發展視聽傳播，也就是台灣電視公司的誕生（十月十日開播）。

記得當時一天只有中午時分和晚間的數小時，還是黑白的畫面，我第一次上節目是經由一位學生的推薦，與「幸福家庭」的節目製作人孫步菲女士見面談成的。

當年烹飪節目屬於婦女節目的一部分，另有教插花、服裝、美容、兒童保育，分為五個單元，各占一日的播出。當時要上電視是出於自身的好奇和學生們的打氣。

我被安排在十二月的第三週（禮拜三）上節目，母親為我連夜趕製了一條圍裙，當天也陪我去，幫忙拿東西，孩子們也自告奮勇的端爐子、提材料、抱碗盤，差一點計程車都坐不下去。

現場播出的節目需要配合時間，我在走廊外邊，早早就把炭火升好，等那攝影棚大門開啟，進去擺妥了炭爐、材料，這才發現不得了，竟忘記帶菜刀來，真是百密一疏。當天要做的菜是「松鼠黃魚」，不但要剔下魚骨、取肉，還得在肉面上切一排排的尖粒花刀，這許多動作沒有菜刀怎麼做？弄得我心急如焚。

AD（現場導播）路長華小姐建議我快去公司員工餐廳借一把。當時的搭景十分簡陋，那天灰色的佈景板上，畫著線條簡單的魚，爐檯、工作檯都是木板子釘的，空心不牢還晃動著，像隨時會倒塌。

我在場邊等候多時，等到爐子的火已不旺了，才輪到我開始，偏偏那把借來的刀鈍得魚頭都切不下，急得我滿頭大汗，切花也像鋸東西，來回拉上好多下，待我把魚蘸上糊料炸熟時，已見導播在用手指猛畫圈圈（叫我快結束），心想那怎麼可以！我做事向來有始有終的，就不管她怎麼畫，還是匆匆的炒料、煮汁、勾了芡，淋到魚上，當時急得連一聲再見也來不及說，就結束了生平第一次電視教學。

守在家裡收看的外子，一見我回來就說：「妳慌慌張張的，做得可真差啊！」

其實當時我心裡早在懊惱著不該去的，丟人現眼的全被人家看到了（幸好當時中南部收視不到，台北的普及率也並不高）。

沒想到一星期後，製作人孫小姐又來請我，並告知上次演出過後，接到不少觀眾對我的好評，她拜託我再去一次，於是又挑起了我的好強心。

第二次我做了另一道高難度的菜——紅燒海參，這次從如何發泡到出水、煨、燴、爆、燒，全部過程都做了完整交代和示範。

摘自傅培梅傳《五味八珍的歲月》

第七章創世界紀錄的電視教學

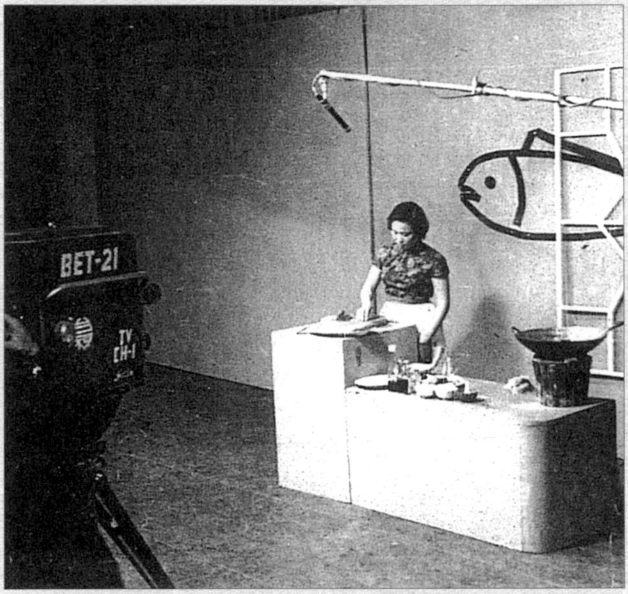

一九六二年十二月傅培梅第一次上電視示範做溜魚，燒的是木炭爐子，佈景板上簡單畫條魚做背景。

松鼠黃魚本是上海「美味齋」餐館的名菜，因其外型美觀、鬆酥、口味酸甜醒胃、配料色彩豔麗，頗受中外食客喜愛。做松鼠黃魚的要領是①剔除骨刺要乾淨，保持魚身完整；②魚肉上劃花刀時的深度、寬度、厚薄都要平均；③拖蘸蛋汁和澱粉時要均勻，以免結塊。

——培梅名菜精選　川浙菜專輯江浙菜

01

松鼠黃魚

松鼠黃魚明明是江浙料理，但我一直不知道為什麼總在北京館子裡吃到，好長一段時間我都以為它是北京料理，也納悶為什麼北方菜會有那麼濃重的糖醋味。或許是因為它太體面了，官場上拿來宴客非常適合，才讓黃魚一個勁兒的往北游，成了北方館子的外來嬌客。

這是我很愛、也很熟悉的一道料理，但說實在話，一直沒有勇氣試做，主要原因是在家裡吃黃魚，糖醋也就夠了，何必不勝其煩地將魚肉炸出菱形卷花狀？這個麻煩事兒平時就交給餐廳師父了。然而，這回既然要重現傅培梅老師的經典菜，就只好硬著頭皮上陣了。

傅老師在書中特別說過，松鼠黃魚的刀法有兩種。一種是去骨取肉，這個手法比較簡單，因為各部位可以分開炸，所需炸油也比較少。另一個方法，刀法較難，且要翻轉魚尾巴，若是翻錯了方向，形狀可就不漂亮了；此外，整隻魚下油鍋，必需較多油量才能炸透，炸的時候也要手扶魚尾，等到炸定型後才能放手，被油濺傷的機會很大。所以，我還是採取去骨取肉法就好了。

另外，我在做法方面更動了兩個部分。一是魚頭沒有撒鹽，我想，魚頭又不吃，就省去了調味。另一個部分，傅老師的糖醋配料是炒洋蔥丁、番茄丁及香菇丁，我想，現成的冷凍蔬菜很方便，又好用，就改用了冷凍綜合蔬菜。如果你並不怕麻煩，又想增加料理質感的話，可以沿用傅老師的配料。

01

新經典食譜

松鼠黃魚

材料

黃魚1條，綜合冷凍蔬菜約4大匙，雞蛋1顆

調味料

鹽1小匙，米酒2小匙，麵粉3大匙（放在材料上）
太白粉1大匙（放在材料上），番茄醬4大匙
糖2大匙，醋2大匙，太白粉1大匙，水1/3杯

做法

1 將黃魚頭切下，由下巴切開，但不要切斷，略為攤開備用。

2 將魚去骨，取下兩側魚肉，但保留尾巴；在兩塊魚肉內部，直切二刀，再橫切成格子狀，但不要切斷魚皮，保留魚肉完整，再加鹽及米酒略醃。

3 將麵粉、太白粉加上雞蛋及清水，調成麵糊備用。

4 熱油鍋，將魚頭及魚肉分別裹上麵糊，入油鍋先以大火再中火，炸至金黃，取出；油再度燒熱後，放入魚肉以大火炸10秒至酥脆，取出排入盤中備用。

5 另起油鍋，只要少許油即可，放入番茄醬及綜合蔬菜拌炒，加糖、醋及水，以太白粉水勾芡至適當濃稠度，即可淋在魚上。

02

蘇式燻魚

蘇式燻魚雖名為燻魚，卻不曾燻過，僅是因外表炸成褐色，十分乾香，與燻出來的顏色、風味相似而得名。蘇州的菜式普遍較重甜味。製作燻魚應選刺少、肉質嫩之新鮮白色魚肉為宜，炸魚時火力要強、油要滾熱才易炸透。

——培梅名菜精選　川浙菜專輯江浙菜

這道料理是江浙館子裡的前菜冷盤，而它的風味確實是冷吃比熱食要有口感；我發現，傅培梅老師的做法讓燻魚比較乾爽，也沒有那麼油亮，不會像現在許多餐廳，裹上濃稠多餘的醬汁及一層亮油。

其實在製作時，如果你喜歡醬汁多一點，也可以在最後熬收醬汁時，多加些醬油、糖、油，因為醃魚的醬汁最後剩不了多少。

在試做這道菜後，我決定把魚的分量減半，但是調味料並沒有隨之減半，只是略為減少，原因就是到最後發現幾乎沒有醬汁來煮汁了，才又添加調味料。

在做法上大致沒有什麼更動，只是發現炸魚只有三分鐘，似乎不夠；可能因為家用瓦斯爐火不強，我大約炸了五、六分鐘，炸透草魚片後，才可以盡收醬汁。

至於酒，傅老師沒有特別寫明是用什麼酒，但我想，江浙料理應該是用紹興、花雕等黃酒類，因此特別註明。

此外，草魚中段有些大刺，可以請魚販代為切片，比較方便；魚片也不能太薄，不然一下油鍋，可是會碎成一截一截的。

蘇式燻魚

材料

草魚中段400公克，蔥2根，薑1塊

調味料

醬油3大匙，紹興酒1大匙，糖3大匙，五香粉1/4小匙
香油2小匙

做法

1 草魚切片（約4至5片），將蔥、薑拍碎，加入醬油及紹興酒，合醃約1小時。

2 將糖、五香粉加300cc清水，調勻備用

3 將草魚片入油鍋炸約5至6分鐘（大火2分鐘，改中火4分鐘），取出時趁熱放入糖水中，浸約5分鐘至透。

4 倒出炸油後，放入醃魚之醬油，加2大匙糖水浸泡汁，小火燒開後加香油，放入草魚拌勻即可起鍋，放涼食用。

恩文的提醒

魚片不能太薄，至少要1.5公分以上，下油鍋後也不要急著去攪動，以免魚片散裂。

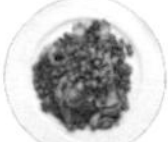

茄汁即番茄醬。由於茄汁色澤紅豔，用來燒溜菜餚可增美觀，且其微酸之風味兼有去腥增香功用。原屬西洋料理之調味品，現今在中菜已普遍應用。

——培梅名菜精選　川浙菜專輯江浙菜之茄汁明蝦

03 茄汁魚片

魚片的做法很多，糖醋、糟溜、醋溜、椒鹽……等不一而足，採用的種類也有草魚、鯇魚或石斑。許多餐館愛用草魚，因為草魚肉細，價格實惠；但也有缺點，那就是有些細刺，即使作成魚片也只能去掉大刺，小刺難免，因此食用時要特別小心。

茄汁魚片用的是番茄醬，主要味道除了酸甜外，還多了番茄的酸香氣，因此在糖醋的搭配比例上，糖要多一點，醋少一點。

配料方面，現在一般餐館大都使用綜合的冷凍蔬菜，因為方便，配色又好看，自己在家做不妨試試。但是若是參考傅老師的食譜，你會發現她非常注意傳統的要求與規格，挑選洋蔥和香菇的目的就是要增加菜的香氣，如果換成冷凍綜合蔬菜，雖然方便又好看，卻是少了一味香氣。因此，讀者不妨根據自己的需求選擇。

這道菜的做法，我除了草魚片的切法和傅老師不同以外，其他都按照原食譜內容製作。

茄汁魚片

材料

草魚中段500公克，青豆約50公克，乾香菇3朵，洋蔥半顆
蛋白半顆

調味料

鹽1小匙，米酒1/2大匙，太白粉3大匙，番茄醬5大匙
糖3大匙，醋2大匙

做法

1 草魚去皮、去大刺，橫切成片（直切易碎裂），以鹽、米酒、蛋白和1大匙太白粉略醃5分鐘備用。

2 乾香菇泡水後切丁，洋蔥切丁備用。

3 起油鍋，約1大碗油，熱鍋溫油，放入魚片，以筷子輕輕撥動以免粘著，炸約3、4分鐘後，撈起魚片備用。

4 另起油鍋，2大匙油爆香香菇和洋蔥，放入番茄醬、糖、醋及3大匙水，拌炒後放入魚片及青豆略拌，以太白粉水勾芡即可起鍋。

CHINESE COOK BOOK

04

紅燒划水

「划水」是江浙人對「魚尾」的別稱，紅燒時為求顏色深紅光亮，須加醬色彌補醬油色澤之不足。醬色古法是將黃糖以小火熬煮成褐色，故又稱糖色。現在醬色一般均用化學製品，除膏狀外亦有粉狀，可按需要來決定用量而不致影響菜的味道。

——培梅名菜精選　川浙菜專輯江浙菜

常聽我廣播節目的朋友應該對這道料理不陌生，因為我詳細介紹過「划水」。

在江浙料理中，划水就是魚尾巴，最常用的就是足斤的草魚，稱「划水」好像比「魚尾巴」雅致許多。這個部位因為時常運動，肉質細緻又不會鬆軟，所以儘管有刺，卻讓愛者恆愛。

講到划水，我都會特別提一下大名鼎鼎的國片電影《飲食男女》，這部李安導演的經典電影，曾經出現過紅燒划水，但不熟的朋友不易發現。郎雄在片中是一位大廚，他的二女兒即將出國遠行時，他在家裡燒了一桌菜，其中一道就是紅燒划水。為什麼這時候出現這道料理呢？那是因為「划水」代表魚要游走時的重要工具，因此，紅燒划水是最常被用來為遠行之人餞別的重要菜色，祝福對方一路順風，此行平安，可以說是含蓄內斂，寓意深長，也體現了中國飲食的精微細緻。

若是我沒記錯，電影中的划水完整呈現了魚尾巴的形狀，並沒有多做處理，才會被我發現，而我平時做這道料理也是保持魚尾完整。但傅老師取的魚尾是按大桌計算，長有六吋，約十八到二十公分，直切成五塊，燒就後在大盤中排成扇形，非常好看又體面。

那真是一個大魚尾，四口之家怕也消化不了。我買的魚尾不大，只請魚販直切了三刀，成為四塊，雖然麻煩但也保留了傅老師料理的精髓。而且我發現，一整個魚尾很容易為了燒透而把肉質燒老了，直切後，雖然要小心翻動，但是花費時間短，魚肉細嫩多了。

傅老師也在食譜裡透露過紅燒划水和紅燒下巴的重要技巧，那就是把划水或下巴沾一點太白粉水，下鍋快速兩面略煎幾秒，再開始加料紅燒。這是要封住肉質，讓魚肉定型，卻又保持鮮嫩口感的重要原因，千萬要記住啊！

PART 2 河鮮海味

04

紅燒划水

新經典食譜

材料

草魚尾巴1條，嫩蒜苗1根

調味料

黑豆桑醬油3大匙，白胡椒粉少許，老抽醬油1小匙
太白粉2大匙，糖1小匙，紹興酒1大匙，香油少許

做法

1 草魚尾巴直切成四塊（如圖，由於魚骨較硬，可請魚販代為處理），以1大匙醬油略醃備用。

2 在盤中調勻太白粉水備用，蒜苗切絲備用。

3 將醃過的魚尾巴蘸過太白粉水後，入油鍋中，兩面略煎各約5秒左右，關火，放入2大匙醬油、老抽、糖及紹興酒，加水約200cc，再以中火燒約5分鐘。

4 中間可以晃動炒鍋，或小心推動魚尾巴，再淋下太白粉水至適當濃度，淋下香油，盛盤，撒下蒜苗絲即可。

05

豉椒炒魚球

這是一道傳統廣東名菜，要做得好，不是件容易的事；主要是要將魚球炒得滑嫩可口且又漂亮，需要一番工夫。首先選擇魚肉時，要選新鮮的白色魚肉，切片要順絲，不可切得太薄，上漿之後，過油的溫度也應特別注意，太冷則不滑，太熱就會都粘成一團，同時小心不能太過翻動，以免魚球碎散。同樣方法還可以炒鮮魷、鮮干貝或蚵仔。

——培梅名菜精選　粵湘菜專輯廣東菜

這是一道廣東料理，廣東菜很喜歡以黑豆豉入菜，像是蒸魚頭、蒸排骨，都要放些黑豆豉才有香氣。而料理魚鮮，對廣東師傅而言也是拿手絕活，要把魚片或魚球炒得好吃，可不容易。

既然菜名有魚球，那肯定要是緊實的魚肉才能做到卷縮成團，因此，挑選好的白肉魚是第一個功課。在廣東師傅眼中，能拿來炒的魚肉，首選是蘇眉，第二是青衣，第三是石斑。

前二者是屬於珊瑚礁的魚種，近年來野生的數量越來越少，價格當然也就水漲船高；而石斑魚因為養殖技術進步，市場上的大量石斑魚幾乎都是養殖的，就算到了香港、澳門或上海，只要在店裡水族箱看到大小齊一的石斑魚，十之八九是來自台灣，牠們也成了高檔餐廳較常見的魚種。

想要炒出好吃的魚球，就要取鮮魚的兩片魚身，再去皮去刺，工夫很繁瑣，但是也不能偷懶拿鱈魚或台灣鯛（即吳郭魚）來做，這些魚肉太過鬆嫩，禁不起過油再炒。至於我選用的鮸魚，嗯，算是勉強及格，但也要挑比較大隻的魚身才行，不然一經翻動，肯定也是災難一場。

05

新經典食譜

豉椒炒魚球

材料

白肉魚300公克，青椒半個，紅辣椒2個
大蒜3顆，薑1塊，蔥1根，黑豆豉1大匙

調味料

鹽1小匙，酒2大匙，蛋白少許
白胡椒粉少許，太白粉1大匙
醬油1/2大匙，麻油少許

做法

1. 魚肉切厚片或塊，在魚肉上略劃幾刀，以鹽、1/2小匙太白粉、蛋白及1大匙水略醃備用。
2. 青椒切菱形片，紅辣椒去籽切段，大蒜、薑及蔥切末備用；黑豆豉切碎備用。
3. 起油鍋，先將魚片過油炸定形，即可撈起備用。
4. 另以少許油，炒香黑豆豉、薑、蔥及大蒜末，放入紅辣椒及青椒拌炒，放入酒、醬油、白胡椒粉及少許清水拌炒，放入魚片，再以太白粉水勾薄芡，起鍋前淋下香油即可。

PART 2
河鮮海味

當年學做菜的時候，傅培梅請每一位廚師都教她做一道「溜魚」，因此，她的溜魚心得特別豐富。

一條魚溜出百味

我很愛做魚，因為自幼在家，頓頓飯食魚。因此在早年學菜階段，我就要求每一位廚師必須教我一道「溜魚」。

當時做溜魚，普通都是醋溜或是糖加得多的糖醋汁，澆到魚身上去。經各位大廚這一教，我的溜魚心得於是更加多元化，我覺得「魚」的造型很重要，要細長一斤左右的魚剛好。講究點要去大骨、在肉面上切花刀、花刀切粒狀，後來演變為一串葡萄形的「溜葡萄魚」。如切得細密而割成塊狀，上粉、炸後呈現出來的是菊花的花瓣狀，也美。

如果是簡單的做法，就在魚身兩面各切刀口數條，但切得間隔密而深些，則在炸後可使其站立在盤上，不但美觀也使淋上去的汁與配料明顯而不易黏塌。

「溜」並非一定要把魚炸過後才能溜，像西湖醋魚的魚是經「氽燙」出來的，閩菜中之軟溜草魚也是在熱水中燙熟的，因此肉質特嫩。

在許多位廚師教的芡汁（糖醋汁）中，我最喜愛趙師傅教的軟溜草魚配方：「酒一，醬油二，糖醋三，醋四」的混合，同時放在汁中的大蒜末、蔥末、蝦米末及紅椒末，不但顏色協調，口味更是特殊。

我雖然前後請了六名廚師來教菜，但並不是每位都是大廚，在當時還一竅不通的我，也不懂得挑剔，只要是有人願意教我，我都欣然受教。

摘自傅培梅傳《五味八珍的歲月》第六章易牙學

06

軟溜草魚

「軟溜」是指將主料蒸、煮或燙過之後，再與芡汁燴溜，其主料仍保持滑嫩軟柔，而溜時因材料易碎，故須小心操作。溜汁要多，足夠澆淋在每一處（包括墊底之材料在內）。溜汁多半為糖醋味或醬油味，北方菜中有用酒糟汁。

——培梅名菜精選　臺閩京菜專輯福建菜

這道料理採用的技法是「溜」，所謂「溜」，是將先處理過（如炸，燙，蒸等）的食材（魚或肉），放入烹調好的醬汁中，快速拌炒；講究的是要讓食材鮮嫩軟滑，在後段製作時，動作要輕，也要快，才能符合標準。

但是這裡的軟溜，因為魚片輕輕一碰就碎，所以連輕炒的動作也免了，直接把燴煮好的醬汁，淋在燙過的魚片上；如此一來，魚肉更鮮甜細緻，菜型也美觀許多，找到了平衡點。

這道料理看似西湖醋魚的做法，實際上卻是屬於閩南菜式，同樣也是用到鎮江醋，所以容易讓人誤會。福建有一種很好的老醋，叫永春醋，香氣風味並不輸鎮江醋，只是在台灣比較難取得。

和西湖醋魚不同的是，它採用了辛香料、以及南方海邊特有的蝦米，剁碎爆香後讓醬汁的風味更加強烈，並且和魚肉、冬粉形成鮮明的對比，這也是閩菜鮮活的特性。

06

軟溜草魚

新經典食譜

材料

草魚中段450公克，冬粉1卷，大蒜3顆，紅辣椒1個
薑1塊，蝦米1大匙，蔥1根

調味料

酒2小匙，鎮江醋3大匙，糖1大匙，醬油1大匙
太白粉2小匙，鹽1小匙，白胡椒粉少許

做法

1 草魚連皮切大片備用；大蒜、薑、蔥、紅辣椒、蝦米泡水後切細末備用。

2 燒一鍋熱水，將冬粉放入鍋中汆燙1分鐘，撈起排在盤底；加一點酒及薑入鍋，放入魚片汆燙1分鐘後撈起，放在冬粉上備用。

3 起油鍋，放入薑、蔥、紅辣椒及蝦米爆香後，加入醬油、糖、酒、醋、胡椒粉及半碗煮魚清湯，再以太白粉水勾芡成適當濃度，將汁淋在魚上即可。

糟溜魚片所用的香糟最早是產於紹興、杭州一帶，是將糯米浸入酒中，可藉酒產生獨特香氣。但北方的酒糟則用酒之糟渣浸泡，取其汁，故不宜久煮，以免酒香走失。適合使用在爆、溜等速成手法的菜中。必須購買非常新鮮的海魚或現殺活魚。

——培梅名菜精選　臺閩京菜專輯北京菜

07 糟溜魚片

「糟溜」是北方料理常用的手法，但是我可沒看過「香糟酒」，傅老師在食譜的註解是這樣說明：「香糟酒是將酒糟加酒和桂花醬調勻，放置一天後，瀝出酒液即成…若買不到，也可以用甜酒釀。」

我怕麻煩，沒有自己做香糟酒，主要也是沒有地方取得酒

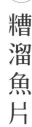

糟，但又不想那麼輕易使用甜酒釀，於是「自作聰明」的採取了折衷的方法，我在甜酒釀加上少許米酒和桂花醬，調成綜合醬，我想，這樣應該「雖不中，亦不遠矣」吧?!

糟溜和醋溜不同，更不同於糖醋，所以沒糖沒醋，只取酒糟的香氣，以及薑、蒜的辛香氣，至於來自甜酒釀的微微甜度，倒不那麼明顯。

魚片很嫩，不宜切太薄，泡熱油時也不能大力拌炒，否則將碎成一鍋，這「形」就大大扣分了。醃製時的蛋白和太白粉都不能多，一厚重，就像是一個纖細的弱女子，穿上了厚重外套，少了雅致。更要注意的是，採取的是「溫油泡熟法」，油鍋也不能太熱。

鮸魚去皮的工夫可以請魚販代勞，買不到鮸魚，也可以以石斑或其他白肉魚代替。

還有一點需要說明，傅老師是將熱水泡過的木耳鋪在盤中，墊在魚下方，而我是把泡過的川耳和醬汁同燒。我是希望木耳更入味，這一點有所不同。

07

新經典食譜

糟溜魚片

材料

鮸魚400公克，川耳約10朵，薑1小匙，大蒜約4顆
蛋白1/4顆

調味料

鹽3小匙，太白粉2大匙，甜酒釀2大匙，米酒2小匙
桂花醬1小匙

做法

1 鮸魚肉去皮，切約0.8公分片狀，以1小匙鹽、蛋白及少許太白粉略為抓醃備用。

2 將2小匙鹽、甜酒釀、桂花醬及米酒拌勻備用；蔥、薑切末備用；木耳泡熱水至軟備用。

3 起油鍋，約300cc油，以中火燒至5分熱，約90度，放入魚肉，泡約3分鐘，輕輕推動魚肉，至熟撈起瀝油備用。

4 將木耳、蔥、薑及所有調味料之綜合汁，加水約200cc，放入鍋中煮開，以太白粉水勾芡至適當濃度後，放入魚肉，小心略拌即可起鍋。

PART 2
河鮮海味

08

豆酥鯧魚

這道魚的做法是改良自雲南的豆豉魚，在台灣的川菜館子非常流行。一般多用鯧魚或鱈魚來做，其特殊之處在於黃豆豉的香氣，經磨碎油炸至十分酥脆後，淋澆在蒸熟之魚上，別有一番風味。這種黃豆豉本身有相當鹽分，故不必再加鹽。

——培梅名菜精選　川浙菜專輯四川菜

這是一道在川菜館流行出來的料理，現在很多館子都有供應，逐漸就變成了大眾料理，多數人都無法確定它是屬於什麼地方的菜色。

早些時候豆酥並不好找，就算買到，也是整塊球狀，要自己剁碎了才能炒，過程還真是麻煩呢！但現在有些乾貨店會有一小包絞碎的豆酥，料理起來簡單多了，所以可以自己在家試做這道菜。

我發現傅老師的食譜上，鯧魚有六百公克，個頭不小，但現在鯧魚價格高貴許多，所以我只買了一條兩百塊左右、和巴掌大小差不多的鯧魚，在家二、三人吃也就夠了。而豆酥也挺鹹的，我的使用量有減少一些，不像傅老師的豆酥，將魚鋪得滿滿的。有關這些分量，各位讀者就參考看看囉。

此外，炒豆酥的油不能太少，火不能大，時間不能久，看到豆酥起了蜂窩狀的小油泡，稍稍變金黃即可。我在豆酥裡灑了少許米酒去豆腥味，蔥花在最後才撒上，而不是炒在豆酥裡，這一點和傅老師的原著食譜不同，也特此說明。

08

新經典食譜

豆酥鯧魚

材料

鯧魚1條，豆酥約3至4大匙，蔥3根

調味料

鹽2小匙，米酒2小匙

做法

1 鯧魚洗淨，兩側各劃2刀，撒下鹽及1小匙米酒，略醃備用；蔥1根切末備用。

2 蔥2根洗淨切半舖盤中，放上鯧魚，入蒸鍋大火蒸約12分鐘（熱水燒開後放入魚開始計算時間）；蒸熟後，揀走蔥條，將魚小心移至另一盤中。

3 炒鍋中放2大匙油，燒熱後放入豆酥，小火炒至微黃變色，灑1小匙米酒，將炒好的豆酥鋪在魚身上，撒下蔥花即可。

傅培梅在烹飪界創下許多第一，中華民國第一本彩色食譜就是她的「培梅第一冊」，許多中菜的烹飪技法翻譯，也都由她一手整理出來。

用食譜傳承美食

我打算出版食譜，是為了方便當時上烹飪課的學員，才決定將當時上課用的講義整理出版成書。

中華民國第一本彩色食譜「培梅第一冊」是在民國五十四年出版的，封面是情商台視美工組組長龍思良先生，為我做的設計兼拍攝工作，當時他在我家客廳瀏覽，尋找富中國味道可做背景的東西，忽然見那沙發椅墊，大紅布上有五福圖案的，就用上了。

外子公司的宋天降船長，介紹他親戚孫先生任職的華僑彩色印刷公司來負責印刷。

那個時代彩色攝影才剛起步，只有武昌街的那家尹士曼彩色攝影，由於索價太高，我只能選了八道菜來拍攝，這些菜是特別挑出的，用較名貴的材料著手，很有價值感。拍照當日買來了海參、魚翅、鮑魚、雞、鴨等高價材料，仔細準備一切就緒，再一道道的做，拍到傍晚才完畢，已累得直不起腰來。而晚餐，則加菜給家人大快朵頤。

未料第二天，攝影師來電話告知全拍失敗了，因為沒開鏡頭或按錯了樞紐？我當時聽了如晴天霹靂，半天不知所措，因為事先沒訂定合約，也不能要求賠償，只好自認倒楣再拍一次，翌日再買一次昂貴的材料，至於我的體力、精神的損失不知該如何計算，那天幾乎當場就病倒。

食譜的英文部分更是花了我許多心血。我的英語讀得不多，但即使外文系的大學生，恐怕也翻譯不出來那些動作和專有名詞，因為英文中根本沒有汆、烹、爆、溜、燜等的詞句。為此我翻遍了參考書及字典，並絞盡腦汁去利用組合的方式，將做法形容出來，比如「爆」是屬於「快速」的「炒」，所以翻成Quick Stir-fry。

汆、燙則是在滾水中，所以叫Boil in water。那時期正好我在聯勤外事處招待所，教一些美軍駐台的官太太們，所以每回將稿子自譯十數張以後，就跑去天母一位空軍太太Mrs. Zeck家，請其過目修改。遇到形容不清楚時（比如包餃子打褶，雙脆的交叉切花、擠丸子的手法等），還需要帶材料當場去做給她看，讓她了解到底是怎麼樣的動作，以便翻譯出來。所以，初期撰寫英文食譜真是辛苦萬分，但是對於以後學烹飪的學生，卻是十分方便，感到辛苦還是值得的。

摘自傳培梅傳《五味八珍的歲月》

第七章創世界紀錄的電視教學

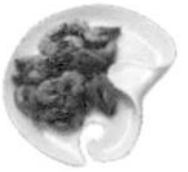

09

鹽酥蝦

海蝦本身肉質緊且味鮮，不必拌醃即可直接以熱油炸酥，回鍋再烹以蔥、蒜及紅辣椒，味道更顯突出，兼有香、酥、鮮、鹹，與粵式餐廳的鹽焗蝦有異曲同工之妙。

——培梅名菜精選　臺閩京菜專輯台灣菜

現在市場上最常見的蝦是白蝦，很少看到個頭較小的沙蝦或劍蝦。白蝦肉厚，養殖容易，打入碎冰後肉質不會差太遠，是主要受歡迎的原因；沙蝦和劍蝦個頭小，只要一斷氣，鮮度立刻打折扣，所以必須賣活跳跳的，才能吸引人，也因此數量不多。

可是，有些料理講求蝦肉要細緻小巧，必須用到個頭小的蝦，像是江浙菜的龍井蝦，上選是河蝦，其次才是小劍蝦；又如油爆蝦或鹽酥蝦，要讓蝦殼都能炸透香酥入口，蝦子也不能太大。所以，食材並不是愈大愈肥就愈好，而是要看你的菜式要求如何。

鹽酥蝦之所以受歡迎，是因為口味相當大眾化，香氣十足，大宴小酌雖不能當主角，但我相信它會是最搶眼的配角，嗆辣而鮮香。

台菜源自於閩南菜系，但在台灣發展多年後，早已有了獨立而複雜的樣貌。台灣經過日據時代，以及全中國各菜系大廚齊聚一島的融合醞釀，現在的飲食變得豐富而多元，但是這道盛行各大快炒小吃店的菜，因為白胡椒粉和五香粉，讓人立刻就辨識出它的身分，也因為這兩樣靈魂香料，讓鹽酥蝦的嗆辣辛香自成一格。

09

新經典食譜

鹽酥蝦

材料

劍蝦或沙蝦300公克，大蒜2顆
紅辣椒2個，蔥2根

調味料

白胡椒粉1小匙，五香粉1小匙
鹽2小匙，酒1大匙

做法

1 將蝦洗淨，用剪刀剪去鬚、腳及尖尾，擦乾水分，放入油鍋中，以大火炸約2分鐘，至香酥起鍋備用。

2 另一個乾淨鍋中，乾鍋加熱放入蒜、蔥及辣椒略炒，隨即放入蝦，淋下米酒烹香後，撒下胡椒粉、五香粉及鹽，拌炒至乾爽即可起鍋。

10 乾燒蝦仁

這道菜雖名為「乾燒」，但為防蝦仁經不起燒煮過久，且熟後會快速收縮變硬，因而採取將蝦仁過油後，與烹調妥當之佐料味汁稍加拌和，翻鏟均勻即行出鍋，故並未採用真正的乾燒烹飪法。

——培梅名菜精選　川浙菜專輯四川菜

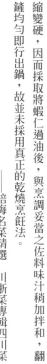

川菜料理中的「乾燒」是一個重要的味型，中國菜系裡很少有這樣濃重的手法來處理海鮮河鮮，諸如乾燒魚頭、乾燒明蝦，都是很大氣又有滋味的菜餚。

不過，我仔細研究各種乾燒的調味，再請教安琪老師，我發現，既然是川菜，辛香料不能少，蔥、薑是魚蝦的好朋友，加上辣椒、辣油或辣豆瓣醬，是川菜基本角色。而乾燒魚頭的味道又比蝦要濃重許多，不但以辣豆瓣醬、甜麵醬及醬油打底，還加了香菇或肉末來增香，整體味道相當厚實。

至於乾燒明蝦或是蝦仁，則略為溫潤，為了突顯蝦肉的鮮甜，捨鹹香的辣豆瓣醬，而用酸香的番茄醬，但糖不能多，也沒有加醋，以免成了糖醋蝦仁。此外，掛芡的湯汁也不能多，一多就毀了乾燒之名。

我把傅老師的食譜分量全部往下減，一般三、四口之家，蝦仁半斤也就夠了，加上一棵青花椰菜，也算豐厚，至於辣油和香油，少許提味即可。

乾燒蝦仁

材料

青花椰菜1棵，蝦仁300公克，蔥1根，薑4片，蛋白少許

調味料

醃 酒1小匙，鹽1小匙，太白粉2小匙

炒 番茄醬2大匙，鹽2小匙，糖2小匙，太白粉少許
辣油及麻油少許

做法

1 蝦仁去腸泥，洗淨，擦乾水分，以鹽、酒略抓醃後，加少許蛋白及2小匙太白粉，來回攪拌後放入冰箱10分鐘備用。

2 蔥、薑切末備用；青花椰菜切小塊，加少許鹽炒熟後擺盤備用。

3 起油鍋，油量稍多，溫油後放入蝦仁拌炒，約1分鐘後瀝油盛起備用。

4 另起油鍋，爆香蔥、薑後，放入番茄醬、鹽、糖及2大匙清水，再放入蝦仁拌炒，以太白粉水勾芡，起鍋前點少許香油及辣油即可。

恩文的提醒

蝦仁要擦乾水分再醃，蛋白和太白粉的量不能多，以免形成厚厚的糊。放入冰箱的用意是讓蝦仁的肉質略為收縮緊實。

田雞腿肉細嫩好吃，但不易購買，可以用雞腿去骨切丁後代用，做成「麻辣子雞」。

——培梅名菜精選　粵湘菜專輯湖南菜

11

麻辣田雞

小時候陪爸媽上市場買田雞的時候，小販都是從大盆子或是網子裡挑出田雞，現場宰殺，新鮮當然沒話說，但是我總是轉過頭去不忍看。

那時候市場賣的田雞多半是野生抓來的，所以大小不一，但肉質鮮嫩又有彈性。爸媽喜歡用大蒜、辣椒加上醬油、米酒炒上一大盤，有時候幸運的話，還可以留一些放在便當裡。後來，我才知道很多同學沒吃過田雞，或是只吃過燉湯的田雞。

田雞最好吃的腿部，肉質緊實，圓滾滾的，所以，在料理界有時會以「櫻桃」來取菜名，像三杯櫻桃或麻辣櫻桃。以前的野生田雞個頭不大，肉不多，但後來出現養殖的牛蛙後，在盤中真的很像圓圓的櫻桃。不過，我們家不太愛吃大隻的牛蛙，總覺得比較乾硬，會塞牙縫，上桌還是偏愛小隻的田雞。

麻辣是川菜中的主要味型，但是在湘菜中也會出現，主要是取花椒的麻和辣椒的辣。而這道料理採用的是新鮮辣椒，而不是乾辣椒，整個麻辣的風味屬於鮮香氣，至於辣度則可自行調整。

在傅老師的原始食譜裡，是選用青辣椒和紅辣椒，我把青辣椒換成了青椒，比較可以多吃到青菜，其他調味料則未再更動。不過，要記得在綜合調味料裡多加一匙烏醋，可以讓整盤辣椒田雞的味道更多層次，也不會那麼沈重；而大火一燒，醋酸走去大半，不會有什麼酸味留下來，這點倒可以放心。

麻辣田雞

材料

田雞350公克，青椒1個，紅辣椒4個，大蒜4顆
花椒粒1大匙

調味料

醬油1大匙，米酒1大匙，鹽1小匙，糖1小匙
太白粉1/2大匙，烏醋1/2大匙

做法

1 田雞洗淨切塊，以1/2大匙醬油、1/2大匙米酒及太白粉略醃備用。

2 青椒切塊，紅辣椒切段，大蒜切片，備用。

3 另將1/2大匙醬油、1/2米酒、糖、烏醋及太白粉，加少許水調成綜合調味醬備用。

4 田雞入熱油鍋中，中火泡炸約3分鐘，盛起備用。

5 另起油鍋，以小火爆香花椒粒，將花椒粒撈起不用，再放入大蒜爆香，然後加入青椒、紅辣椒和鹽，炒至5分熟，放入田雞及綜合調味醬，拌炒收汁即可。

傅老師的叮嚀

我一再強調中國菜可舉一反三，比如學會了宮保雞丁，就可變化出宮保魷魚、宮保蝦仁，甚至宮保雙脆等。有時學員們也會笑稱傅老師總是買一送一，有時還買一送三呢？做菜只要會了調味和烹飪法後，再活用智慧去發揮創意，巧思就能運用自如了。

——摘自傅培梅傳《五味八珍的歲月》
第六章易牙學　桃李滿天下

PART

03

食不厭精
豚膳牛饌

1. 醋溜丸子
2. 蒜泥白肉
3. 小籠粉蒸排骨
4. 爆炒豬肝
5. 炒木須肉
6. 紅油腰片
7. 貴妃牛肉
8. 滑蛋牛肉
9. 無錫肉骨頭

PEI MEI'S
Chinese
Cook Book
Volume I

「傅培梅時間」是台灣連續播出最久的電視烹飪節目，傅老師在節目中利用短短五分鐘時間就要做出一道菜，經常忙得上氣不接下氣。

戰戰兢兢的五分鐘

「傅培梅時間」是台灣電視教學，有史以來首次以個人姓名為招牌，當作節目名稱的，就像美國強尼卡森或歐普拉以及瓊芳登的個人Show那樣，是我在烹飪教學上的權威標誌、榮譽的事。

五分鐘一道菜，不但表演的我壓力大，心情緊張，也有許多觀眾來信說：到了早上就守在電視機前，怕漏看，時間短，連電話鈴、門鈴也不去回應，豎起耳朵，睜大眼睛，全神貫注著。

我在原本的節目時間（二十五分鐘）中還經常有不夠用的時候，改為五分鐘後，更是忙得上氣不接下氣，常有來不及或漏講的情形，也有攝影師因我的移動和手部動作太快，鏡頭跟不上來，照到不該照的地方。我這節目的導播不知何故常常調換，新來的就不知上一次是如何錄的，連開場和結尾取怎樣的鏡頭，還得由我與之說明。

我每去錄影一次，可錄兩星期份的十道菜，材料、成品、用具都要樣樣備齊，搬去一大堆，如果頭腦不清楚還真會搞亂，什麼材料是第幾集，是哪一天該播的，都得清清楚楚的記住，不能出錯。那時候媳婦還沒移民美國，她與大女兒帶著傭人都來幫忙，假如沒有她們的協助，這個五分鐘的「傅培梅時間」不可能做了六年多。

一千二百多道菜，全是用創新食譜教授，回想那些年的辛苦，實非筆墨能形容。我這教做菜的節目，不但國內收視率好，也被台視很早就外銷到海外華僑地區，我雖未曾調查過，也未向公司詢問過，但美國各大城市只要有華語頻道，幾乎都可收看到，連菲律賓也時常播出我的節目，可算是小兵立大功，雖未被台視重視，卻為他們爭了不少收入和光彩（可惜我這個製作人從未分到外埠一毛錢的權利金呢）。

我的節目之所以能保持長久不衰的好評，一方面是內容變化多，可看性高，另一原因大概是我這種知無不言、言無不盡的解說，手上動作快捷，刀工、火工技術純熟的表演，吸引得住觀眾吧？我的努力、我的認真、直爽的誠意，相信經過這麼多年，觀眾都已感受得到的。

一九七七年三月我得到行政院新聞局頒發的社教節目金鐘獎，這是對我節目的一大肯定，令我萬分高興。一九八三年節目二十週年時，公司特別製作了一個「中華美味處處香」的特別節目，來紀念這個自開播以來與公司一同成長、廣受歡迎的長青節目。

摘自傅培梅傳《五味八珍的歲月》

第七章創世界紀錄的電視教學

一集五分鐘的「傅培梅時間」，每天都要播出，時間又緊湊，做來非常累人。

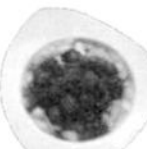

01

醋溜丸子

中國人尤其在北方人習慣中所講的「丸子」，通常是指豬肉做的，無論煎、蒸、汆、煮或油炸均可。所用豬肉中肥、瘦的比例視做法不同而略有差異。例如煎炸的丸子，要肥少瘦多，否則炸後肥油滲出，丸子呈凹凸不平則失去光澤。而汆煮的丸子，則要肥肉多些，煮出來的湯才香濃，肉才滑嫩。做丸子基本上肉要多攪拌摔打（朝同一方向），使肉產生筋力，富彈性才會好吃。

——培梅名菜精選　臺閩京菜專輯北京菜

傅老師開始學做菜時，是自己花高價請餐廳大廚來家裡一對一教學。不要說是當時那個年代了，就是現在，也沒有人有這個膽量和氣魄吧！

當然，現在因為出版、網路、電視等各種資訊管道很多，不需要如此大費周章和成本；但有時想想，可能就是因為找資料太容易了，反而讓很多人怯於親自動手做，食譜一大堆放在書架上，卻很少照著做。從這個角度來看，傅老師的行動力和實踐力確實是令人感佩的。

她曾經說，從大廚那裡學到的「醋溜」令她印象深刻，原來完美的黃金比例就是糖和醋一比一，這個重要原則抓到了，可以再根據自己的口味，略微調整糖和醋的分量。

但要記住，不管是糖醋或是醋溜的料理，還是要有一點鹽，以鹹味來打底，酸和甜的味道才會有個底部支撐，不致飄走。至於醬油，主要是用來上色，我有刻意減少分量，不像傅老師加的醬油那麼多。

學好這道料理，不僅是醋溜的做法可以多方應用，最重要的是，還可以學會炸丸子的基本方法。從細剁絞肉、打水、加蔥薑泥，一直到以手的虎口擠壓肉丸，再以湯匙刮下放入油鍋油炸，我發現，傅老師的教法真的既細緻又準確，有時候我也忍不住會偷懶，但照著做以後才知道，很多工夫省不得，才能成就一盤好料理。

在這道食譜中，傅老師在炸肉丸時運用了二次炸的技巧，第一次炸熟（約八、九分熟），第二次高溫炸酥；但我擠出的丸子不大，便採取一次炸到定位的方法。一般讀者在家裡若是炸兩次，很容易第一次炸熟透，第二回就把丸子炸太乾了，要小心時間的掌控。

PART 3

豚膳牛饌

01

醋溜丸子

新經典食譜

材料

豬絞肉450公克，大白菜1/2個，蔥2根，薑少許，雞蛋半顆

調味料

桑醬油1大匙，太白粉2大匙，酒1大匙，鹽2又1/2小匙
糖4大匙，醋4大匙，麻油1小匙

做法

1 絞肉略為剁過，加入2大匙清水、雞蛋、1根蔥、薑泥、酒、1小匙鹽和少許太白粉，同方向攪拌均勻至出現黏性，備用。

2 以手部虎口擠壓絞肉，擠出圓球狀，再以鐵湯匙刮起，放入油鍋中，中火炸約3分鐘即可，撈起備用。

3 白菜切段，加少許鹽，炒軟，鋪盤底備用；1根蔥切絲備用。

4 另起油鍋，炒香蔥絲後，放入1/2小匙鹽、醬油、糖、醋及肉丸子，加少許清水略燒，再勾芡，起鍋前點少許麻油，裝盤，放少許蔥絲即可。

恩文的提醒

炸肉丸子時油要熱，肉丸放入後不要急著攪動，約一分鐘定型後，再用木筷子輕輕撥動，四周炸均勻，三分鐘後顏色變深即可。

肉丸子從油鍋裡撈起後還會持續加深顏色，所以若在鍋中炸至理想顏色，盛起後顏色就會太深了。

02

蒜泥白肉

蒜泥白肉又叫雲白肉。四川菜口味重，大蒜為常用辛香料，其調味料之甜醬油頗為特殊，用途也廣，做法是在小鍋內混合醬油（2又1/2杯）、糖（2杯）、酒（1/2杯）、蔥（2根）、薑（2片）、八角（2顆）、陳皮（1小片）、桂皮少許、花椒粒（1/2湯匙）等，用小火熬煮十五分鐘左右，過濾出來便是。

——培梅名菜精選　川浙菜專輯四川菜

從小到大，家裡不知吃過多少回的蒜泥白肉，尤其是過年過節拜拜後的豬肉，最後都是三種吃法——紅燒肉、回鍋肉、以及蒜泥白肉。三者當中當然是蒜泥白肉的吃法最簡單又方便。

不過，看了傅老師的食譜後，就對她的做法躍躍欲試，想知道和我家的料理方式，滋味會有什麼不同。

我家的蒜泥白肉都習慣用五花肉，傅老師則選用豬後腿肉。而醬汁部分，我家是簡單使用醬油、幾滴醋，加上香油、蒜泥；傅老師則使用了自己熬製的「甜醬油」，方法看來好像不難。於是，我把分量減少，糖的比例也稍減，但辛香料不變，熬出來的甜醬油，果然是濃郁細滑，效果非凡，比起單純的醬油好吃呢！

至於肉的口感，傅老師選的後腿肉，燙煮去皮後放涼，切薄片再回熱水中微燙，去了更多油脂，肥肉清爽許多，帶點脆度，但是瘦肉部位則偏乾柴，略有嚼勁。換成帶皮的五花肉，同樣是燙煮後放涼切片，口感比後腿肉柔嫩細緻許多，而脂滑又多汁，自然是五花肉討喜的原因。每個人喜歡的口感不同，讀者可以自行決定選擇什麼部位的豬肉。

蒜泥白肉

先做甜醬油

材料

黑豆桑醬油250cc，米酒50cc，糖150公克，蔥2根．薑2片
八角1粒，花椒粒少許，陳皮1片，肉桂葉2片

做法

將所有醬汁和辛香料放入小鍋內，煮開，以小火煮約10分鐘，熄火再浸泡約30分鐘待涼，過濾後即成甜醬油。

材料

豬後腿肉（或五花肉）350公克，蔥2根，薑2片，大蒜4顆

調味料

高湯2大匙，甜醬油3大匙，辣油1大匙，麻油1/2大匙

做法

1 後腿肉放入熱水中，加薑及蔥，煮約30分鐘後，撈起放涼備用。

2 將大蒜剁碎，加入放涼的豬高湯、甜醬油、辣油及麻油，調勻備用。

3 後腿肉去皮，切薄片，排好放置篩網上，浸入一鍋熱水中，略為汆燙約30秒，瀝乾擺盤，淋下蒜泥汁即可。

恩文的提醒

如果是用五花肉，則是燙煮後，放涼，帶皮切薄片，擺盤，淋上醬汁和少許醋即可，兩種做法都可以參考。

03

小籠粉蒸排骨

小籠粉蒸是四川小飯館的特色，店家用極小的竹製蒸籠放在門口，擺上一火爐，爐上架鍋，鍋內扣一木板，上有圓孔，而小籠便放在孔上，藉鍋中開水和熱氣將肉蒸熟，肉香撲鼻。

——培梅名菜精選　川浙菜專輯四川菜

因為媽媽是四川人，這道粉蒸排骨可以說是我家的家常菜，常常信手拈來就蒸一碗來吃，也是我時常向新手學菜的朋友推薦，最容易學、也是失敗率極低的一道菜。

在我的印象中，這道重口味的蒸菜，只要鍋中的水放足夠，就沒有蒸過頭的疑慮，排骨蒸越久越軟爛，而且回鍋再蒸更加入味；只要調味比例抓對，是很容易做的，也很有成就感。

但我想要試試傅老師的版本，在口味上一定有不一樣的地方，我家只有辣豆瓣醬、醬油、米酒，至於甜酒釀，則是看情況，家裡剛好有就加，否則就省略；而傅老師的食譜當初不知是向哪位川菜大廚習得，裡面又多加了甜麵醬及紅腐乳汁。

本來川菜就是講究「百菜百味，一菜一格」，加上七滋八味的變化，永遠都是八大菜系中，調味料最多變的，多了這兩種醬汁調味也無可厚非，只要比例得當，避免排骨太過鹹即可。

在我家，其實往往最受歡迎的，是墊在排骨下方的地瓜，因為吸足了排骨油汁及醬汁，甜鹹交集，真是好吃。所以，在家試做時，不妨多加些地瓜，肯定不會令人失望。

最後一個小地方的提醒，如果蒸肉粉太粗，醬汁水分不多，排骨外面的粉容易太乾，在入蒸鍋前，不妨微微噴點水在表面，再入鍋蒸。

03

新經典食譜

小籠粉蒸排骨

材料

小排骨450公克，地瓜250公克，蔥2根

調味料

蒸肉粉1杯（約2包），醬油1大匙
酒1/2大匙，甜麵醬1小匙，辣豆瓣醬1小匙
甜酒釀1/2大匙，紅豆腐汁1/2大匙
水4大匙，糖1/2小匙，白胡椒粉1/2小匙

做法

1 蔥切末，再連同所有調味料一起拌入排骨中，略醃10分鐘入味備用。

2 地瓜去皮、切塊，在大碗中先抹少許油，排入地瓜。

3 最後把蒸肉粉拌入排骨，讓所有排骨均勻粘裹蒸肉粉，排入碗中，入蒸鍋中大火蒸約40分鐘即可。

「爆」是快速完成的烹飪法之一，最好用鐵質炒鍋先將空鍋在火上乾燒至冒煙，再倒下多量的油，盪一次鍋底，然後全部倒出，重又燒熱一次炒鍋，將所需之油量放入，待油極熱時加入主材料、配料和調味料，急速翻炒三至五秒鐘，見已至熟即出鍋，手法要敏捷迅速才會使菜餚不洩汁、出水，肉嫩鮮美。

——培梅名菜精選　臺閩京菜專輯北京菜之蔥爆牛肉

04

爆炒豬肝*

*爆炒豬肝出自培梅家常菜。

說實在的，我是極不愛吃豬肝的，那是屬於個人偏見，不用多說；但為家人做菜，我還是可以把偏見放一邊，拿出專業來。像肥肉我也不愛，但我家的家傳菜——梅乾扣肉和紅燒肉，卻少不了五花肉。很少人知道這一點，我其實是既不愛肥肉，也不愛豬肝。

我們家女生眾多，免不了偶爾餐桌要來上一盤炒豬肝，或是一碗豬肝湯。從小，父親也把我訓練得不錯，對於豬肝的嫩度和脆度也都極要求．切的厚薄要適中一致，上粉裹漿也要恰當輕巧；至於入鍋，更是要旺火快炒，或是瞬時汆燙起鍋，一一不能馬虎。

爆炒豬肝，說來也沒什麼訣竅，主料、配料講究顏色搭配，先燙熟了再合炒，可以掌握同時起鍋的熟度，剩下來的，就完全是豬肝的厚薄、抓粉、以及旺火快炒的功力了。

新經典食譜

爆炒豬肝

材料

豬肝300公克，荸薺4個，紅蘿蔔1/4條，蔥2根
小黃瓜1根，薑1塊

調味料

黑豆桑醬油1大匙，米酒1大匙，太白粉1/2大匙
鹽1小匙，胡椒粉少許，糖1小匙，麻油少許

做法

1 豬肝切成薄片，用鹽、米酒、太白粉拌勻，醃2至3分鐘；薑切片，蔥切小段，荸薺、小黃瓜、紅蘿蔔切片備用。

2 醬油、太白粉、胡椒粉、糖，加少許清水調勻成綜合調味汁備用。

3 先煮開一鍋水，放入豬肝片約5秒，立刻撈起瀝乾水分。

4 起油鍋，爆香薑片，放入紅蘿蔔、荸薺、小黃瓜，炒約半分鐘。

5 放入豬肝、綜合調味汁及蔥段，大火翻炒約10秒，至略收汁，淋下香油即可。

05

炒木須肉

木須肉食用時多配上蔥段、甜麵醬及薄餅上桌包食。
——培梅家常菜

常在小館子裡看到木須炒麵、木須炒肉絲之類的料理，什麼是木須？大概很多人不知道，以為是像木耳之類的食材，其實，木須在菜式裡，指的是炒蛋。

這個炒得金黃細嫩的蛋，就像是盛開的木須花。說穿了，木須花就是我們熟悉的桂花，又稱木樨花，這類植物原產亞洲、太平洋諸島及北美洲。而木須炒肉絲，其實就是炒蛋加肉絲，只是菜色中還加了一些配菜，讓整道菜式豐盛不少；拿這些食材來炒麵，就成了木須炒麵。

此外，也可以搭配單餅，包起來一起吃，也是很有分量；照片看起來很熱鬧，但使用的食材都很家常。

雞蛋，在中餐裡千變萬化，有時叫芙蓉，有時叫桂花，這回又成了木須花！它可大可小，可香可嫩，可滑可厚，在家常菜中是少不了的重要角色。

在傅培梅老師的食譜裡，她用的綠色青菜是菠菜，我改成了小黃瓜片，希望增加爽脆的口感；另外，我又多加了少許韮黃和紅蘿蔔，代替傅老師的筍絲，不變的是肉片、木耳和炒蛋，香氣一樣十足。

05

新經典食譜

炒木須肉

材料

裡脊肉250公克，黑木耳10公克，小黃瓜1根
紅蘿蔔1/4根，韮黃20公克，雞蛋2顆，蔥2根

調味料

鹽1小匙，醬油1大匙，米酒1/2大匙
太白粉1/2大匙

做法

1 將裡脊肉切片加入鹽、1/2大匙醬油及太白粉略醃備用。

2 黑木耳泡水15分鐘，切粗絲；小黃瓜去皮切片；紅蘿蔔切絲，韮黃切段，蔥切段，蛋打散備用。

3 起油鍋，以少許油先將蛋炒熟，盛起備用。

4 另起油鍋，放入蔥段爆香，再放肉片炒散，接著放入所有材料，加1/2匙醬油及米酒，略拌炒即可起鍋。

在台視主持了七年電視節目，
傅培梅基於強烈的求知慾，
毅然揮別家人到日本做了高齡留學生。

高齡留學生

一九七〇年我做了高齡留學生。由於對烹飪教學有著強烈的求知慾，我決定到日本「東京女子榮養短期大學」去上課，當時已在台視主持了七年的電視節目，仍覺得對食品知識不足，於是徵得外子同意，赴日做短期的進修。

出發的前一夜，百感交集，對丈夫的歉疚與感謝及對公婆無法克盡孝道，以及對子女的不忍，讓他們身邊沒有媽媽照顧，我內心交戰著，說得好聽是事業心重、求知慾強，事實上不是任性自私嗎？

第二天紅腫著雙眼，我還是狠下心走了。我在東京豐島區的女子榮養短大對面巷內，租了只有四個半榻榻米大的小閣樓，除了一個勉強可以轉身的便所，只有一個水龍頭和一具單口小瓦斯爐。為了節省開支，我只買了一床棉被，一只枕頭，另加一個日本人家家都有的「可它次」。

那是一個兩尺半四方的矮桌，中間有個一尺四方的罩子，內裝有電熱管，面上覆蓋棉被或毛毯，再壓上方型桌板面。一般日本人可說整天都離不開它，休閒喝茶吃點心，連讀書寫字都在上面。夜晚木造的閣樓透風，我就穿著大衣鑽在「可它次」下面睡，以便取暖。

下課回來後，有許多作業和查不完的生字，每天晚餐固定吃最便宜的「蹦咖哩」拌飯，那是一袋糊狀咖哩汁，用熱水燙個三、五分鐘，撕開淋在白飯上，雖然標示有牛肉、豚肉，但根本找不到什麼肉片，只看到紅蘿蔔丁及洋芋粒。

現在台灣的速食牛肉麵內附的袋裝調理牛肉，就是後來我率先與統一研究開發、引進那種包裝技術的成果。

說起咖哩料理，我讀小學時，校方的營養午餐常常供應咖哩飯，這種糊狀略帶甜辣的口味，拌在飯中相當容易吃下。當校方廚房熬煮時，教室和走廊都可聞到那股誘人的香氣。長大後每次去日本，我總喜歡到咖哩專賣店去，吃上幾種不同主料的咖哩，巧的是我的孫子謨舜也是咖哩的同好，除了世界各地著名的咖哩之外，日本人自創的，具各家特色的也頗多，實在稱得上是咖哩天國呢。

回國後，有一次在經濟部長李國鼎先生的宴會裡（婦女之家），我提到日本肉料裝袋的「蹦咖哩」之方便時，他還鼓勵我，應該找一家食品公司合作，在台灣也開發，並推薦統一、味全等。但沒有生意頭腦的我，一直未去進行；不料三年後，統一公司的研究課李華陽課長便前來與我接洽。在那留學刻苦日子裡，吃「蹦咖哩」拌飯的經驗讓我走上食品研發、工業化的第一人。

艱苦的留學生活持續了一學期，常收到孩子們的來信表達思念之情，我讀了辛酸不已，幾度興起中途輟學的念頭。就在期末考前兩天，獲知初中二年級的美琪，患肝炎住院的消息，翌日我便整裝返台，也帶回了長久與我生活的「可它次」，後來出版的許多食譜初稿，幾乎都是趴在「可它次」上完成的。

摘自傅培梅傳《五味八珍的歲月》第六章易牙學

一九七〇年傅培梅當起高齡留學生，赴日攻讀營養學。

紅油是四川館中對辣椒油之一種特定叫法，用以區別不辣的白油。做法甚為獨特，是將辣椒粉和少許麻油、紫草同放在碗內，沖下炸過蔥、薑、花椒與白芝麻的沸滾沙拉油，待油冷卻後，過濾出油來便是。因為紫草會產生紅色，因此不必放太多辣椒粉，顏色亦會很紅而漂亮。

——培梅名菜精選　川浙菜專輯四川菜

06

紅油腰片

這道料理是川菜的涼拌菜，學會了醬汁的處理，其實很多食材都可以如法炮製，可以改用雞肉片、松阪豬肉等。

在眾多材料中，腰片算是處理費心又麻煩的，因為豬腰的腥味重，質地又容易老，稍一不慎，帶腥味又老硬的腰片，會毀了整盤菜。如果想做到傅老師那樣細緻的刀工和排盤，要有一點心理準備，向自己挑戰；但老實說，我做完以後，家人對這爽脆細緻的豬腰片，一致讚不絕口。

豬腰要做得好，必須不厭其煩的來回泡水去腥，不能偷懶；燙煮的時間不能久，短短十來秒就要撈起來，才能保持它的嫩度和脆度，這些都是重要的關鍵。

至於切成梳子狀的薄片，就看各自的功力了。若是嫌麻煩，切成薄片也可以，反正自己家人吃，不用那麼講究；但千萬不能菱花切大塊，那口感肯定大打折扣，腥味也很難去除。

由於豬腰分量不少，我比傅老師多加了一根小黃瓜，也多加了花椒粉的量，加重麻味。

還要請大家注意傅老師處理小黃瓜和粉皮的小技巧。一般我們做雞絲拉皮，下方墊的小黃瓜和粉皮都沒有拌醃，有時候味道會不足；傅老師則是會先拌醃一下，粉皮還用少許香油拌一下以防粘黏，這些都是這道菜細緻的地方。不過如果要快速上桌，立刻拌食，也可以省去這些細節，而減少調味也可以吃到小黃瓜原來的爽脆。

06 紅油腰片

材料

豬腰1個，小黃瓜2根，新鮮粉皮1張，大蒜2顆，薑少許

調味料

紅油1大匙，芝麻醬1大匙，花椒粉1小匙，醬油1大匙
鎮江醋1/2大匙，糖1小匙，麻油1大匙

做法

1 豬腰可先請肉販幫忙對切成4片、去筋膜，放入清水中浸泡約30分鐘，中間換一次清水。由豬腰外部下刀，直切細紋不能切斷，再以橫刀斜切的方法，切成斜片，即成梳子（佛手）形狀；放入清水中來回浸泡4至5回，至水沒有濁度即可。

2 小黃瓜直切成4長條，再斜切成斜薄片，以少許鹽拌醃10分鐘，瀝去鹽水鋪盤備用。

3 將粉皮以冷開水沖洗過後切粗條，以少許鹽與香油拌一下，鋪在小黃瓜上面。

4 將大蒜和薑剁碎成泥，加入所有調味料，慢慢拌勻成綜合調味料。

5 燒開一鍋水，放入豬腰片，約15秒，撈起放在冷開水中漂洗後排入盤中，再淋上綜合調味料即可。

恩文的提醒

豬腰切片後還要泡水四至五回，才能去腥味；燙豬腰時，水要滾，時間要短，不用等水再煮開，否則豬腰會變老變硬。

07

貴妃牛肉

以貴妃之美來比喻這道菜之味美和色豔。基本上是屬於紅燒的菜式，整塊牛肉煮熟後再切厚片，可使肉的形狀完整。這道菜的特色在於顏色紅亮、湯汁少而濃、牛肉鮮香軟爛。

——培梅名菜精選　粵湘菜專輯湖南菜

這道料理看來喜氣洋洋的，當初會選貴妃牛肉，只是覺得它「容易」製作，但是一做才發現，要把帶筋的牛肋條燒到軟嫩入口，可是要耗掉不少瓦斯費，早知道就多做一點分量。

廣東料理有很多牛肉的吃法，蠔油牛肉是經典，一般茶餐廳裡的滷水牛腩和牛雜，我總是百吃不厭。但是貴妃牛肉呢？大概是宴客的好菜色，醬色紅艷，肉嫩汁濃，不管是配飯或下酒都好搭配；一頓飯裡只要有這道菜，其他的配菜可以輕簡從容了。

不過，我在研究傅老師的食譜後發現，燒牛腩沒什麼難，耐心而已；倒是紅蘿蔔看似配角，卻發揮非常好的協調作用。傅老師費工把紅蘿蔔削成菱形，而我是把它簡單切成長形滾刀塊。紅蘿蔔在最後十分鐘才下鍋，略為燒透就好；上桌的時候，紅蘿蔔的顏色還很漂亮，濃醬的味道只微微裹在外面，還可以吃到紅蘿蔔的清甜滋味。這個小技巧看似簡單，卻在整道料理中發揮了很好的平衡作用，令人驚喜。

07

新經典食譜 貴妃牛肉

材料

牛肋條600公克，紅蘿蔔2根，薑4片，蔥2根，八角2粒

調味料

辣豆瓣醬2大匙，甜麵醬1/2大匙，番茄醬1大匙

黑豆桑醬油3大匙，酒1大匙，糖1大匙，太白粉少許

做法

1 牛肋條洗淨，放入熱水中煮約30分鐘，取出切厚片備用；紅蘿蔔直切四等份後，改切成長條形的滾刀塊（類似長菱形）備用。

2 起油鍋，爆香蔥、薑，放入豆瓣醬、甜麵醬、番茄醬及牛肉拌炒，再加八角、醬油、酒及糖，清水蓋過牛肉，改小火燉煮約1.5小時，若水分減少，可以酌量加水。

3 最後10分鐘時，放入紅蘿蔔合燒，將紅蘿蔔撈起鋪盤備用。

4 將牛肉取出，瀝出湯汁（去掉蔥、薑及八角），再回鍋中合燒收汁，勾薄芡，盛入盤中即可。

恩文的提醒

傅老師的食譜說，牛腩肉燒約一小時即可，但發現我買的帶筋牛肋條要燒一個半小時才夠軟透，所以除了要不時控制水量外，也要試試看肉的軟硬度。

此外，傅老師也說勾芡與否可以自己決定，我擔心燒到收汁會太鹹，所以保留了湯汁勾芡才上桌；多餘的湯汁，第二餐可以做一碗紅燒牛肉麵，一舉兩得。

08

滑蛋牛肉

滑蛋即為炒蛋，但廣東館子的蛋炒得很生，只達六、七分熟，因此很滑嫩。其訣竅在火候控制要恰當，牛肉過油之溫度及炒蛋時的速度都會影響成敗，是一道看似容易、卻不易成功的工夫菜。

——培梅名菜精選　粵湘菜專輯廣東菜

這道料理看似簡單，但其實挑戰不小，必須把牛肉和蛋都處理得很滑嫩，所以，火候和時間掌握就顯得格外重要。

傅老師在醃牛肉的時候用「鬆肉粉」，大概是小蘇打、嫩肉精或是木瓜酵素之類的吧！這樣的牛肉應該更嫩，但我一直沒有習慣採用這個做法，家裡也沒有這類產品，只好簡單的加水和太白粉抓醃，來處理牛肉。據我了解，最近市面上有一種瓶裝的液體，據說是新推出可以軟化肉質的天然酵素，或許可以試試。

看過傅老師的食譜才知道，原來牛肉是要拌油炒散後（或溫油泡熟），放入蛋汁中合炒才會滑嫩。不過，蛋也很容易熟透，炒蛋的油不能少，至少要三大匙；炒的時候要輕輕拌，不要把蛋炒碎、也炒老了。起鍋後，蛋會因為餘溫後熟，所以要小心掌握火候。最後，我保留了少許蔥花，撒在成品上，看來漂亮些。

08

新經典食譜

滑蛋牛肉

材料

裡脊牛肉約250公克，雞蛋5顆，蔥1根

調味料

鹽1又1/2小匙，米酒2小匙，太白粉約2小匙

做法

1 肉切薄片，以1/2小匙鹽、米酒、太白粉，加20cc清水，略為抓醃備用；雞蛋加鹽1茶匙打散，蔥切末備用。

2 醃好的牛肉拌入1大匙油，放入油鍋中，大火炒散至8或9分熟，撈起瀝乾油，放入蛋汁中，再加入一半蔥花。

3 另以乾淨鍋子起油鍋，中火，放入蛋汁牛肉，略為輕拌至蛋汁6或7分熟之滑嫩程度，盛盤，撒下蔥花即可。

傅培梅說，學做菜要虛心偷學，
聽說哪裡有好吃的菜，
她一定馬上登門試吃並且虛心求教，
不論多苦多難，都要努力試試。

學做菜就要不恥下問

我學做菜，隨時都抱著研究的精神，不恥下問。早年一位學員（林秋江夫人）問起她所吃過的一道菜，上菜時油還在盤裡滾動，上面還有很多大蒜。這是個啥？我也沒吃過，於是找到復興園，照她形容的講給跑堂的聽，要點這樣的菜，跑堂操著蘇北口音告訴我說：「哦，那是炒鱔糊！」

上菜後我就邊吃邊研究，人家是怎麼做的。第二天就立刻買了鱔魚回來如法炮製。做出來覺得不夠道地，就再去吃一次，回來再實習，終於摸清楚了做法。隔週該學員來上課時我已研發出做法，可以告訴她了。

像這樣子「虛心偷學」所研究出的菜式實屬不少。記得一家

有名的楓林小館，某學員說那店有一道甜甜酸酸的，一大片豬肉連著細骨的菜，叫「京都排骨」；我就按址找去，點那京都排骨，但怎麼也想不透為什麼骨頭會那麼細，肉卻又長又嫩？

實驗了多次，實在做不出來。於是找關係，出高酬，請那店師傅來家教我。原來他們是將豬小排自每一骨頭的中間，用刀劈開來成兩半，骨頭只有原來的一半粗，當然細得很啦。這種醃過又炸，再配上甜酸醬汁的特殊排骨，人人愛吃。

為學做菜真是花了不少的心思和金錢，我一向愛惜羽毛，做法不正宗不願教，尤其後來上電視教做菜，更是不敢馬虎，深怕做得不道地讓人看笑話。我一向認為只要有恆心和毅力，天底下沒有什麼是學不成的。我的個性很急，有什麼事想要做，就一定要馬上去做，不論多苦多難，也要試試。哪怕後來做不成，至少已試過了，若是不試，心裡老是不平，想起就後悔不已，也許會難過一輩子。

摘自傅培梅傳《五味八珍的歲月》第六章易牙學

09

無錫肉骨頭

這道菜又叫「醬排骨」，清朝的「余慎肉店」特聘燒肉師傅吸取別店的經驗，在選料、調料、操作方法上均做了改進。如醬油色太黑，可在臨起鍋前三十分鐘加入少許番茄醬同燒一下。

——培梅名菜精選　川浙菜專輯江浙菜

無錫肉骨頭，更多人叫它無錫排骨，顧名思義，是江蘇無錫的名菜。

根據傅老師在書中描述，做法最早源於宋朝，到了清朝無錫一個小地方三鳳橋的「余慎肉店」，店裡因為有專門燒肉的師傅而遠近馳名，把排骨燒得「汁濃味鮮，肉鬆骨酥」，和當地另二道名菜——清水油麵筋、惠山泥阿福，並稱無錫三大名產。

很多人會搞不清楚京都排骨、無錫排骨和糖醋排骨三道料理，感覺好像差不多，但其實是各有千秋。

先說糖醋排骨好了，它主要有兩個重點，一是排骨的炸法，大多有上麵糊或厚粉下油鍋炸酥，排骨比較能蘸上糖醋醬汁；而另一重點則是糖和醋一比一的口味，是典型糖醋的做法。

至於京都排骨，究其源，其實是早期在台灣廣東館子的創新菜。當時西洋文化進入台灣，吃西餐是時髦的象徵，因此有師傅在燒排骨時加入了梅林辣醬和A1牛排醬；排骨的剁法也捨棄了傳統的直段切法，改採二或三支排骨連著橫切。更多館子會加小蘇打粉或嫩肉精，讓排骨更嫩也容易入味，不用久燒。

至於無錫排骨則是傳統的紅燒法，排骨先炸過，再加以糖、醬油、酒及辛香料，小火燒至收汁，至少要一個小時，才會肉鬆骨酥，是一道偷懶不得的料理，要靠時間去慢慢製成。

09

新經典食譜

無錫肉骨頭

材料

小排骨600公克（較短較嫩部位約4支），薑1塊，蔥1根
八角1粒，芥蘭菜約250公克

調味料

鹽1小匙，冰糖3大匙，黑豆桑醬油6大匙，酒2大匙，香油少許

做法

1 把排骨兩支連在一起剁成段，或單支切段也可以，以醬油及酒醃約30分鐘上色，排骨入油鍋中炸約5至8分鐘至上色，撈起備用。

2 另起油鍋，爆香薑及蔥，放入排骨，加上之前醃排骨的醬油、酒，再入冰糖略燒；加入八角及水蓋過排骨，小火燒約1小時至收汁，起鍋前淋少許香油即可。

3 芥蘭洗淨切段，加鹽入鍋中炒約3分鐘，盛起排盤，再把排骨擺在中央即可。

恩文的提醒

傅老師原食譜中有加桂皮，但多數人家中沒有，我捨棄了這個部分，特此說明。另外要記住，因為排骨要燒一小時，所以青菜放到最後再炒，趁熱排盤，再擺上燒好的排骨，才會相得益彰。

PART

04

豆腐鮮蔬
人間真味

1 鍋燒豆腐
2 麻辣豆魚
3 瓊山豆腐
4 乾煸鮮筍×乾煸四季豆
5 羅漢上素

傅培梅不但在電視上教烹飪，
也把各種技法和食材介紹給觀眾，
她更是台灣農產品的最佳代言人和推手，
讓中華美饌揚名海外。

中華美饌揚名海外

早期的教菜節目，需要先在黑板上將材料之名稱與分量用粉筆寫好，用一根棍子邊指邊唸，佈景都是手量的柴米油鹽等罐罐瓶瓶的，與現在的新式流理檯、現代化的家用小電器類做裝飾，鮮花水果等襯托，可真不能同日而語。由於是現場即演即播出去的，不能NG，也不能喊「卡」（cut）來叫停，有時明明知道切到手指或燙傷了，也不可中止，只得忍疼繼續到做完。

台視由黑白進化到彩色播出是一九六九年底的事，出來的菜色，豔麗可愛引人食慾。這些年裡，我先是把節目內容按地域分菜之不同而示範，之後，又按材料（主料）之不同每月更換著。雖然這一個月裡所用的都是「牛肉」，但分為本週是炒，下週是紅燒的，再下來教用絞牛肉蒸丸子，也示範滷牛肉等許多不同的應用。

魚也有各種不同類的，而一種魚就可分為乾煎、油炸、紅燒、清蒸、煙燻、紙包炸等吃法。豬的各部位不同的肉，也可有十多次不同的演出。如此以材料分別出現的節目，做了三年之久。

在這期間逢年過節，我還穿插著應景的，如元宵、湯圓、包粽子、做月餅；當然春節前的兩個月就開始教做所謂的年菜了。台灣有各省籍的人，年菜又得分成本省的、南方的、北方人的。年節後的節目中，我還得絞盡腦汁，告訴大家把剩餘的一些年菜，怎樣來改頭換面吃掉它。

為了幫助政府促銷台灣的農漁牧產品，我常利用我的電視節目之影響力來做推廣；記得有一年，因為鰻魚外銷發生問題，必須打開內銷市場，我就一連做了三週都是介紹鰻魚的吃法。相同情形在一九九七年南投縣梅子盛產，農會託我多介紹、利用在菜餚內，於是安排了台中某大飯店陳主廚到節目中，連著一個月使用各種梅子來做菜點。

農委會曾經為了推行冷凍蔬菜的內銷，也來拜託我做專輯，介紹如何使用物美價廉的冷凍蔬菜，以便在颱風季節紓解蔬菜之缺乏。像這種不常用的材料，我必須先自行烹製，研究出特點、好處等等，才能在節目中推行。

在此值得一提的是，一九六六年天主教「光啟社」曾為美國東部電視網，製作了一套定名為「中華美饌」的食譜節目，由我示範主講，艾頓太太旁白（原訂由吳炳鐘博士搭檔，旋後因故換人），這是台灣首部電視輸出節目，天主教會很慎重的從美國選派製作人Mrs. Roberts（我叫她羅婆婆）和技術指導——著名女星洛麗泰楊來台進行協助拍錄，為了要突顯中國味，擺飾、佈景、器皿等，莫不用心挑選。

由於這一套（十三集）「中華美饌」電視影集，我的名字才在美國響起。

摘自傅培梅傳《五味八珍的歲月》第七章創世界紀錄的電視教學

傅培梅從一九六二年開始她的電視烹飪教學生涯，創下個人主持節目最久的世界紀錄，以個人名字做為節目名稱在台灣也算是創舉。

傅培梅主持的「家庭食譜」在一九七七年獲得社教節目金鐘獎。

按中國菜之烹調法論，豆腐適宜任何一種，唯豆腐味淡質軟，必須配上鮮美配料，或採辛辣、偏鹹之調味始可。鍋㷔*一法取其外層先酥後軟，透出香氣，再經烹燒使豆腐入味，屬於北方菜慣用手法。——培梅名菜精選　臺閩京菜專輯北京菜

01 鍋㷔豆腐

*㷔：原料掛糊後煎製並烹入湯汁中，使之回軟並將湯汁收盡的烹調方式。對於已乾硬的食物加入湯水，使之吸收水分並回軟的過程，山東土話稱之為「㷔」。多用於質地軟嫩的動、植物食材，如豆腐、菠菜心、蘆筍或裡脊肉片，代表菜色如鍋㷔豆腐、鍋㷔菠菜、鍋㷔魚扇。——中國烹飪百科全書

這道料理的食材看似簡單平常，可是手工必須要特別細緻輕柔，才能保持豆腐的形狀，是非常典型的「手工菜」。只要小心慢慢做，其實不容易失敗，沒什麼大技巧。

我常說，好吃的料理只要抓住食材的原始風味，將它表現出來即可。看看這道料理，食材只有豆腐、豬絞肉、雞蛋，調味料只是醬油、米酒、鹽，加上少許蔥、薑，可是燒出來的味道一點也不簡單，醇厚濃郁，還有層次，加上肉餡，也不會單薄，拿來宴客絕不失色。

對照現在許多所謂的「大廚」每每在電視上示範料理時，動輒來一匙雞粉、香菇粉、干貝精等人工調味料，抹脂塗粉，看了讓人倒足胃口；這時候，你才會開始想念並珍惜傅老師那個年代，用心經營組合食物原味，絕不過度調味，只想呈現料理的真實風情，多麼幸福美好！

01

鍋煬豆腐

新經典食譜

材料

豆腐4方塊，絞肉80公克，麵粉1/2杯，蔥1根
薑1小塊，雞蛋2顆

調味料

鹽1又1/2小匙，酒1大匙，醬油1大匙，太白粉少許

做法

1 絞肉加1小匙鹽、少許米酒、1大匙清水拌勻後，用刀細剁備用；雞蛋打散，蔥、薑切絲備用。

2 將豆腐切成0.8公分厚度的長方片，撒少許麵粉，填上絞肉餡抹平，再蓋上另一片豆腐，成豆腐夾；先在四周滾上麵粉，再蘸上蛋汁。平底鍋中燒熱3大匙油，放入豆腐夾，將兩面煎成金黃色。

3 撒入薑絲，加1/2小匙鹽、米酒、醬油及200cc清水，小火燒至剩少許湯汁，盛盤，撒上蔥絲即可。

恩文的提醒

豆腐入鍋煎時，還未定型不要翻動，待定型時可以用筷子和湯匙小心翻面。

豆腐要選用板豆腐，不可用水分太多的盒裝豆腐；如果擔心豆腐不好翻動，可以買質地硬一點的老豆腐，或是切稍厚一點，比較好操作。

02

麻辣豆魚

麻辣豆魚是四川餐館的小菜，因為豆腐皮中捲裹的是豆芽菜，而並非是真正做魚卷時的魚肉，故叫「豆魚」。由於豆腐衣極薄，遇冷空氣易變硬或脆碎，而遇水又易糜爛，臨使用時由封袋中取出為宜。

——培梅名菜精選　川浙菜專輯四川菜

這道料理名叫「豆魚」，實際上卻是素菜，從頭到尾找不到魚的影子，長長一條腐皮包出來的模樣，看來就像是台式「雞卷」，但它的材料更簡單，只用綠豆芽，價格也更實惠。

半炸半煎的「豆魚」，外表要金黃酥脆，才有豆香氣，加入川菜慣有的濃香麻辣味，是一道重口味的小菜。

由於乾腐衣一遇水即變軟，容易破裂，製作這類料理時，裡面包的材料不能太濕，像燙煮過的豆芽菜也要擠乾水分；包的時候動作要快，不然很容易破裂，這是必須注意的小地方。

在這道食譜中，取其麻味的花椒粉之外，我又添加了少許花椒油，剛好家裡有這麼一罐，也讓這道料理的麻味更加濃重了。

02

麻辣豆魚

新經典食譜

材料

半圓形豆腐衣3張，綠豆芽500公克，白芝麻少許，蔥1根

調味料

芝麻醬1大匙，醬油2大匙，糖2小大匙，麻油1大匙
醋2小匙，花椒粉2小匙，紅辣油及花椒油少許

做法

1 芝麻醬加3大匙冷開水調勻，加入所有調味料調勻備用；蔥切末備用。

2 將綠豆芽放入熱水汆燙後擠乾水分，分成3份，包入豆腐衣內，捲成長條狀，在封口處抹少許水幫助粘合。

3 平底鍋內放入5大匙的油，燒熱後，放入腐皮卷，以中火四面煎至金黃酥脆後，起鍋切段，排入盤中，淋上綜合醬汁，再撒下芝麻和蔥花即可。

恩文的提醒

綠豆芽要擠乾水分再包，放置在半圓形豆腐衣的圓弧處，往外壓緊邊包邊捲，包好時封口朝下入鍋即可煎定型。

03

瓊山豆腐

這是一道在廣東餐廳流行已久的菜式，雖名為豆腐，實際上是用蛋白加高湯蒸出來的，由於滑嫩可媲美水豆腐而得名。蒸蛋必須蛋與水的比例剛好，水太少會硬，太多則不凝固。蒸時先以大火後用小火。

——培梅名菜精選　粵湘菜專輯廣東菜

這道料理算是「蒸蛋」的升級版吧！名為「豆腐」，也看不到豆腐的蹤影，完全以蛋白的滑嫩來呈現料理的口感。

不過，在製作時卻面臨到兩個問題，首先是蛋白和水的比例，傅老師是以一比二的比例來處理，我照著試做時卻發現蛋白無法成形，成了一盤「蛋白湯」。後來改成一比一點五左右的比例才成功，也許早期的雞蛋比較實在，現在買到的雞蛋質地不夠緊密，無法撐住一比二的密度，這點可能製作這道菜時要注意一下。

第二個問題是，剩下的五個蛋黃該怎麼辦呢？真是傷腦筋！或許讀者可以不必堅持只用蛋白，改用全蛋，比較符合經濟實惠的要求；又或者，雞蛋黃的數量可以稍減。如此一來，名字或許就可以改成「瓊山芙蓉豆腐」＊。

原食譜中，傅老師是用干貝，先蒸一小時後再剝絲，檔次和香氣當然不同，只是這工夫也讓很多人卻步。我把干貝改成了新鮮蟹腿肉，香氣略輸干貝，但可以吃到一塊一塊的材料，也算是扳回一城吧！

＊芙蓉豆腐即雞蛋豆腐。

03

瓊山豆腐

新經典食譜

材料

蛋白5顆，蟹腿肉100公克，蔥1根，薑1塊

調味料

鹽2小匙，雞高湯200cc，蠔油1大匙，酒1大匙
太白粉少許

做法

1 蟹腿肉切小塊，放入熱水汆燙約30秒撈起備用；蔥切段，薑切片備用。

2 將蛋白打散，加鹽，再加入同等分量的清水，充分拌勻後過篩，放在深盤中；蒸鍋中水燒開後，放入以中火蒸約12分鐘後備用。

3 以少許油，爆香蔥、薑，放入蟹肉、蠔油、酒及雞高湯煮開後，撿去蔥、薑，再以太白粉水勾芡成適當濃稠度，淋在蒸好的蛋白上即可。

恩文的提醒

蒸蛋白時，蛋白和水的比例大約是1：1至1：1.5之間。

PART 4
豆腐鮮蔬

04

乾煸鮮筍 × 乾煸四季豆

乾煸四季豆是四季豆最為出名的吃法，四季豆因較硬實不易入味，經炸去水分後再燒，即易吸收調味，並得絞肉、蝦米、榨菜之鮮而變得美味了。這道菜現在均採用油炸而非真正的乾煸，可省去許多時間。此菜宜冷吃，為佐粥之佳餚。

——培梅名菜精選　川浙菜專輯四川菜

乾煸是川菜中常見的手法，主要是以油炸搭配乾炒的手法，去除食材的水分，讓食材濃縮緊緻，增加風味，但是處理的時間比較久，尤其是乾煸牛肉絲要花的時間更久。

現在很多館子的師傅比較偷懶，大多只用油炸的方式來處理食材，但很容易把食材一下子炸老了，口感顯硬，若炸得不夠，食材又顯生味，總之，少了乾炒這道手續，就是會有少許差異。

乾煸的口味著重鹹和香，很容易讓人多扒兩口飯。傅老師介紹的正統乾煸料理，除了絞肉，還加了蝦米和榨菜，現在很多餐館都省了這兩種材料，風味當然會打折扣。後半段的做法一定要把絞肉、蝦米等材料，和蔥、薑、醬料一起炒香了，再拌入主材料，才能讓乾煸的口味飽滿盡出。可不要小看這些小動作，愈是家常的料理，愈是在細微處展現精巧的關鍵手法。

至於傅老師最後加的提香醋，只能一點點，千萬不能多，以免影響主要的味道。

04

新經典食譜

乾煸鮮筍 × 乾煸四季豆

材料

鮮筍600公克（去殼後的重量），絞肉100公克
蝦米2大匙，榨菜40公克，蔥1根，薑2片

調味料

醬油1大匙，糖1小匙，鹽1/2小匙，醋1小匙
辣豆瓣醬1/2大匙，麻油1/2大匙

做法

1 鮮筍切成長條狀，約食指寬，放入油鍋中炸約4至5分鐘，至筍的邊緣略焦黃，盛起換另一個乾鍋，小火略炒5分鐘備用。

2 蝦米泡水擠乾切末，榨菜切丁略泡水擠乾，蔥及薑切末備用。

3 起油鍋，放入絞肉拌炒約5分鐘至乾鬆，放入蝦米、榨菜、蔥末、薑末、辣豆瓣醬、醬油、糖、鹽等，拌炒均勻，再放入鮮筍拌炒。

4 起鍋前灑少許醋提香，再入香油，即可起鍋盛盤。

恩文的提醒

同樣的做法，材料換成四季豆，就成了乾煸四季豆。

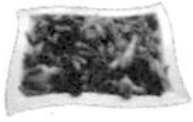

素什錦不外是蔬菜、菇類、豆類加工品等多項材料燒煮而成，如煮成後不勾芡而汁稠色濃，則可稱羅漢齋，如湯多色清，經過勾芡後則屬燴菜之範疇。

——培梅名菜精選　川浙菜專輯江浙菜之燴素什錦

05

羅漢上素*

*羅漢上素出自培梅名菜精選粵湘菜專輯的廣東菜

素菜料理中，有所謂的素什錦、十香菜等，都是同一個原理，把許多素的材料全部統合在一道料理中，綜合又複雜的香氣十分迷人，而且冷熱皆宜。

只是每回光是想到這些動輒七、八樣以上的食材，需要費心組合處理，就會覺得麻煩。但是很奇怪，做完以後卻有無比的成就感，因為成果總是一大盤，非常氣派，又可以連吃幾頓。

在做這類料理時，有兩個原則要注意。第一是食材必須選擇水分少的，甚至搭配些許乾貨如木耳、香菇、金針等。第二是不同食材的刀法必須接近，無論是滾刀、長條或塊狀，形狀不能差太遠，烹煮時間才會一致，挾食的時候也會比較方便，當然菜的外型也會好看許多。

引用傅老師的食譜時，我盡量忠於原味，但食材中，我捨棄了鵪鶉蛋（因為聽說很多都是加工製成的「小雞蛋」而已），加了黑木耳，也把白蘿蔔改成了冬瓜；此外，為保留綠色的色澤，我選擇最後放青江菜和小黃瓜片，特此說明。

05

新經典食譜

羅漢上素

材料

筍1個，小黃瓜1根，馬鈴薯1/2個，紅蘿蔔1/2根
白花椰菜100公克，乾香菇2朵（大），洋菇（蘑菇）10個
素腸1條，油麵筋20個，冬瓜500公克，玉米筍10支
通心粉1/2杯，黑木耳10朵，嫩青江菜5棵，腐竹2片

調味料

醬油3大匙，鹽2小匙，糖2小匙，麻油1大匙

做法

1 筍切斜長條，小黃瓜切厚片，馬鈴薯去皮切斜長條，紅蘿蔔及冬瓜以挖球器挖成圓球狀，白花椰菜切小塊，冬菇及黑木耳泡溫水切小塊，洋菇切斜紋，素腸切長條，油麵筋泡溫水後多瀝幾次冷水擠乾，玉米筍切斜長滾刀塊，青江菜取嫩心切去葉子部分後汆燙，腐竹泡溫水後切段備用。

2 起油鍋，爆香香菇後，放入所有材料（除青江菜和小黃瓜）後，加醬油、鹽、糖及清水約200cc，以中火燒約10分鐘至收汁。

3 最後放入青江菜及小黃瓜略為拌炒，再放香油略拌即可起鍋。

恩文的提醒

可以自行選擇素料來搭配，但應避免水分較高的蔬菜類；至於青江菜心和小黃瓜為保持色澤及脆度，最後放入即可。

經典重現
吳恩文遇見傅培梅

作者 吳恩文
攝影 吳恩文、陳　牆
編輯 吳嘉芬
編輯顧問 錢嘉琪、潘秉新
美術設計 吳慧雯、曹文甄
封面設計 曹文甄

發行人 程安琪
總策劃 程顯灝
總編輯 呂增娣
主編 翁瑞祐、羅德禎
編輯 鄭婷尹、吳嘉芬
美術主編 劉錦堂
美術編輯 曹文甄
行銷總監 呂增慧
資深行銷 謝儀方
行銷企劃 李　昀

發行部 侯莉莉
財務部 許麗娟、陳美齡
印務 許丁財
出版者 橘子文化事業有限公司

總代理 三友圖書有限公司
地址 106台北市安和路2段213號4樓
電話 （02）2377-4155
傳真 （02）2377-4355
E-mail service@sanyau.com.tw
郵政劃撥 05844889三友圖書有限公司

總經銷 大和書報圖書股份有限公司
地址 新北市新莊區五工五路2號
電話 (02) 8990-2588
傳真 (02) 2299-7900

製版 興旺彩色印刷製版有限公司
印刷 鴻海科技印刷股份有限公司
初版 2017年6月
定價 新台幣340元
ISBN 978-986-364-105-6（平裝）

SANYAU
http://www.ju-zi.com.tw
三友圖書
友直 友諒 友多聞

國家圖書館出版品預行編目(CIP)資料

經典重現：吳恩文遇見傅培梅 / 吳恩文著. --
初版. -- 臺北市：橘子文化, 2017.06
面；　公分
ISBN 978-986-364-105-6(平裝)

1.食譜 2.飲食風俗3.中國

427.11　　　106009048

本書特別感謝
THERMOS
QUALITY SINCE 1904
膳魔師

吳恩文的快樂廚房　提供鍋具及場地拍攝

悅讀飲食 品味生活

輕鬆料理，享受幸福時刻

1. 固執的小吃們，以及島嶼偏食

陳輝龍 著／定價 330 元

19篇飢渴睽違的小說，105則口水漫涎的異國思鄉料理紀事。每一則小說，都來自於曾經帶給我們溫暖的味覺記憶；每一篇隨筆，則述說著那些在時代中，或屹立不搖、或改頭換面、物是人非的島嶼小吃。

2. 尋味台中

你不知道的台中食光

岳家青 著／張介宇 攝影／定價 380 元

這是一本充滿記憶的飲食札記！從傳統的台式、中式道地小吃，從讓人遠道慕名而來的食肆，到巷仔內無名的人氣小攤，作者所訴說的，不僅是「好吃」這件事，更是記錄了在城市獨特性格下，所養育出來的飲食文化。

3. 東京味

110+ 道記憶中的美好日式料理

室田萬央里 著／井田晃子、皮耶 · 賈維勒 攝影／定價 480 元

如果用氣味記憶一座城市，東京該是什麼味道，味噌湯、握壽司、蕎麥麵，還是……？且看東京人娓娓道來一道道屬於東京的飲食記憶。作者希望藉由這本書與讀者分享東京與日本真正的美好滋味，帶給您日常烹飪的靈感。

4. 鑄鐵鍋の新手聖經

開鍋養鍋 x 煲湯沙拉 x 飯麵主餐＝許你一鍋的幸福

陳秉文 著／楊志雄 攝影／定價 380 元

教你從最簡單的白飯開始做，煎煮烤炸燜熬的基本技巧，沙拉、湯品、麵飯到各種肉品的料理訣竅，自製9種基本醬汁，就能變化出40種美味。全書超過300個步驟的圖解，讓你驚呼！鑄鐵鍋做菜一點也不難。

5. 晚餐與便當一次搞定

1次煮2餐的日式常備菜

古靄茵 Candace Ku 著／定價 390 元

最平凡的和風家常菜，運用雞、豬、牛、海鮮、蔬菜等各種食材，變化出豐富美味的和風家常料理及常備菜。隨著本書的步驟，就能為自己和家人輕鬆做出每一天的晚餐與便當，共享最溫暖的幸福美味。

6. 美味親子餐

100種食材 x 200道料理，征服大人、小孩的味蕾

崔世珍 著／陳郁昕 譯者／定價 450 元

時常煮了一桌子菜，最後剩下一堆的菜，這是所有主婦的煩惱。美味親子餐教你運用100種食材，變化出200道菜色，專為大人、小孩烹調出各自適合的風味料理。

名人食尚
探索美味的秘密

3

2

1

6

5

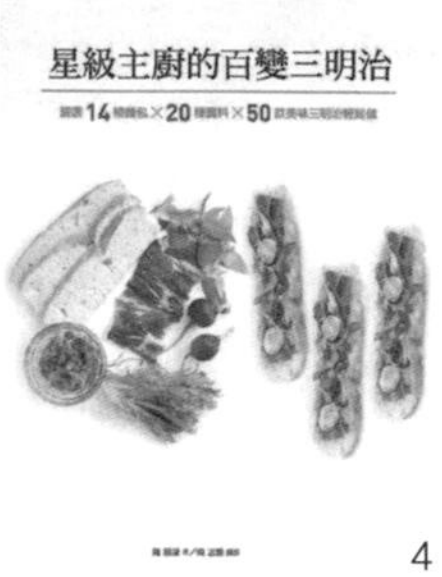

4

4. 星級主廚的百變三明治
嚴選14種麵包 x 20種醬料 x
50款美味三明治輕鬆做
陳鏡謙 著／楊志雄 攝影／定價 395 元

本書介紹50種三明治的食譜及基本作法，並在準備篇中推薦20款適合搭配在三明治中的醬料，此外，針對三明治的內餡如肉片、火腿、雞排等，也會提供簡單容易上手的烹調方式，非常適合初學者，與喜歡吃漢堡三明治的讀者。

5. 渡邊麻紀的湯品與燉煮料理
藍帶廚藝學院名師親自傳授
渡邊麻紀 著／程馨頤 譯者／定價 380 元

藍帶級名師親授85道好湯與燉煮料理，濃縮大量魚、肉類及蔬菜精華的美味湯品與燉菜，不僅營養健康、好消化、具飽足感，更有療癒心靈的效果。只要一個鍋子，就能輕鬆享用，健康與風味兼顧的美好料理！

6. 印度料理初學者的第一本書
印度籍主廚奈爾善己教你做70道
印度家常料理
奈爾善己 著／陳柏瑤 譯者／定價 320 元

日本超人氣印度料理老店，傳家食譜不藏私！連印度人都說超．好．吃～掌握基本3步驟，新手也能做出印度本格菜！從南北咖哩、配菜到米飯麵包、甜點……怎麼切、怎麼炒，文字步驟配詳盡照片，初學者也能輕鬆學。

1. 吳恩文的快樂廚房
吳恩文 著／定價 268 元

吳恩文快樂的廚房要告訴大家 123 道難以忘懷的好滋味，有來自眷村懷舊美食、媽媽的一手好菜，還有結合創意的異國料理，以及特別企劃系列，和大家一起享受美食，享受生活。

2. 蔣偉文的幸福廚記
72道超人氣家常料理，享受美味好食光
蔣偉文 著／蕭維剛 攝影／定價 398 元

72道溫馨家常料理，創造美味記憶。各種肉類、海鮮、蔬菜、飯、麵、湯料理，照著食譜做，新手也能煮出一桌好菜。附有清楚的食材介紹及分類索引，跟著Jacko一起進入料理的世界，找到屬於自己的幸福好食光。

3. 惠子老師的日本家庭料理
100道日本家庭餐桌上的溫暖好味
大原惠子 著／楊志雄 攝影／定價 450 元

奈良出身的大原惠子老師，自小便喜歡上為家人做菜的感覺。熱騰的鮭魚昆布芽炊飯，炸得酥脆的雞塊、可樂餅……等，惠子老師以詳細的解說示範做出道地的四季之味，讓人好想回家，和家人共享一頓暖心盛宴。

地址：　　　縣/市　　　鄉/鎮/市/區　　　路/街

段　　巷　　弄　　號　　樓

廣　告　回　函
台北郵局登記證
台北廣字第2780號

SANYAU

三友圖書有限公司 收

SANYAU PUBLISHING CO., LTD.

106　台北市安和路2段213號4樓

SANYAU
三友圖書
讀書俱樂部

「填妥本回函，寄回本社」，即可免費獲得好好刊。

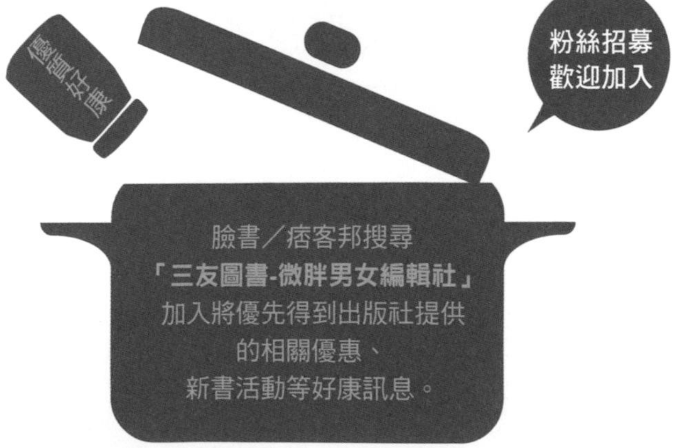

四塊玉文創╳橘子文化╳食為天文創╳旗林文化
http://www.ju-zi.com.tw
https://www.facebook.com/comehomelife

【黏貼處】對折後寄回，謝謝。

親愛的讀者：
感謝您購買《經典重現 吳恩文遇見傅培梅》一書，為感謝您對本書的支持與愛護，只要填妥本回函，並寄回本社，即可成為三友圖書會員，將定期提供新書資訊及各種優惠給您。

姓名＿＿＿＿＿＿＿＿ 出生年月日＿＿＿＿＿＿＿＿
電話＿＿＿＿＿＿＿＿ E-mail＿＿＿＿＿＿＿＿
通訊地址＿＿＿＿＿＿＿＿
臉書帳號＿＿＿＿＿＿＿＿
部落格名稱＿＿＿＿＿＿＿＿

1 年齡
☐ 18 歲以下 ☐ 19 歲～ 25 歲 ☐ 26 歲～ 35 歲 ☐ 36 歲～ 45 歲 ☐ 46 歲～ 55 歲
☐ 56 歲～ 65 歲 ☐ 66 歲～ 75 歲 ☐ 76 歲～ 85 歲 ☐ 86 歲以上

2 職業
☐軍公教 ☐工 ☐商 ☐自由業 ☐服務業 ☐農林漁牧業 ☐家管 ☐學生
☐其他＿＿＿＿＿＿＿＿

3 您從何處購得本書？
☐博客來 ☐金石堂網書 ☐讀冊 ☐誠品網書 ☐其他＿＿＿＿＿＿＿＿
☐實體書店＿＿＿＿＿＿＿＿

4 您從何處得知本書？
☐博客來 ☐金石堂網書 ☐讀冊 ☐誠品網書 ☐其他
☐實體書店＿＿＿＿＿＿＿＿ ☐ FB（三友圖書 - 微胖男女編輯社）
☐三友圖書電子報 ☐好好刊（雙月刊） ☐朋友推薦 ☐廣播媒體＿＿＿＿＿＿＿＿

5 您購買本書的因素有哪些？（可複選）
☐作者 ☐內容 ☐圖片 ☐版面編排 ☐其他＿＿＿＿＿＿＿＿

6 您覺得本書的封面設計如何？
☐非常滿意 ☐滿意 ☐普通 ☐很差 ☐其他＿＿＿＿＿＿＿＿

7 非常感謝您購買此書，您還對哪些主題有興趣？（可複選）
☐中西食譜 ☐點心烘焙 ☐飲品類 ☐旅遊 ☐養生保健 ☐瘦身美妝 ☐手作 ☐寵物
☐商業理財 ☐心靈療癒 ☐小說 ☐其他＿＿＿＿＿＿＿＿

8 您每個月的購書預算為多少金額？
☐ 1,000 元以下 ☐ 1,001 ～ 2,000 元 ☐ 2,001 ～ 3,000 元 ☐ 3,001 ～ 4,000 元
☐ 4,001 ～ 5,000 元 ☐ 5,001 元以上

9 若出版的書籍搭配贈品活動，您比較喜歡哪一類型的贈品？（可選 2 種）
☐食品調味類 ☐鍋具類 ☐家電用品類 ☐書籍類 ☐生活用品類 ☐ DIY 手作類
☐交通票券類 ☐展演活動票券類 ☐其他＿＿＿＿＿＿＿＿

10 您認為本書尚需改進之處？以及對我們的意見？
＿＿＿＿＿＿＿＿

感謝您的填寫，
您寶貴的建議是我們進步的動力！

【黏貼處】對折後寄回，謝謝。

吳恩文遇見傅培梅

經典重現

Andy Wu's Neo-classical Cookbook

A Salute to Madame Fu ,Pei-mei

吳恩文遇見傅培梅

經典重現

Andy Wu's Neo-classical Cookbook

A Salute to Madame Fu ,Pei-mei